AF550515

Rudolf Knoll · Simone Mathias

RemstalWein

»In vino veritas«

Gesamtherstellung
einhorn-Verlag+Druck GmbH
Schwäbisch Gmünd

Redaktion
Anka Malterer, einhorn-Verlag
Andrea Porr, einhorn-Verlag

Gestaltung und Satz
Jens Giese, einhorn-Verlag
Alicia Hägele, einhorn-Verlag

Bilder
©Simone Mathias, gegenwart-foto
Seite 11: Privat
Seite 16–17: remstal.de
Seite 177: Privat
Seite 182–185: Schubert Wines
Seite 190–194: Freepik
Seite 199: Weinhaus Binder
Seite 200: REWE Aupperle
Seite 201: Daniel's Weine
Seite 202: Die Traube
Seite 203: Weinhandlung Kreis
Seite 204: WEIN-MOMENT
Seite 208: Privat

ISBN 978-3-95747-131-4

1. Auflage, September 2022
Printed in EU

www.einhornverlag.com

REMSTAL WEIN

Rudolf Knoll
Simone Mathias

Inhalt

Zum Geleit, Konrad Jelden 10
Einleitung, Rudolf Knoll 12
Das Remstal unendlich erleben, Remstal Tourismus 14
Remstal-Karte 18

Weingüter

Fellbach

Weingut Aldinger 24
Fellbacher Weingärtner 28
Weingut Heid 32
Weingut Johannes B. 36
Weingut Rienth 38
Weingut Rainer Schnaitmann 40

29

42

Kernen

Weinkellerei Wilhelm Kern 44
Weingut Beurer 48

Weingut Eißele 52
Weingut Karl Haidle 54
Weingut W. Haidle 58
Weingut Medinger 60
Weingut Singer-Bader 62

Waiblingen

Bio-Weingut Häußermann 64
Weingut Zimmerle 66

Schwaikheim

Weingut Escher 68
Weingut Maier 72

Korb

Weingut Albrecht Schwegler 76

Weinstadt

Weingut Bernhard Ellwanger 80
Weingut Gold 84

51

108

Weingut im Hagenbüchle 88
Weingut Idler 90
Weingut Wolfgang Klopfer 94
Weingut Knauß 98
Weingut Kuhnle 100
Mannschreck Weine 102
Parfum der Erde 104
Remstalkellerei 106
Weingut Wissmann-Stilz 110
Weingut im Hof Armin Zimmerle 112

Winnenden
Weingut Siegloch 114
Weingut Häußer 116

Remshalden
Weingut Doreas 118

Weingut Mayerle 120
Weingut Sterneisen 122

Winterbach
Weingut Jürgen Ellwanger 126

Schorndorf
Weinbau Frick 130

Stuttgart
Weinbau Ambach 134
Collegium Wirtemberg 136
Wein- und Sektgut Christel Currle 140
Weingut Peter Mayer 142
MAXWEIN 144
70469R! 146
Weingut Schwarz 148

128

Weingut der Stadt Stuttgart 150
Vintage Winery Stuttgart 154
Weinmanufaktur Untertürkheim 158
Weingut Wöhrwag 162
Weingut Zaißerei 166
Weingut Zaiß 168

Ludwigsburg
Weingut Herzog von Württemberg 170

Remstal Ost
Weinberg Essingen 176

Remshalden-Hebsack
Weinberghütte Geiger 180

Neuseeland
Schubert Wines 182

Top-Adressen 188

Gastronomie

Remstal – Die kulinarische Hochburg 190

Händler

Ambitionierte Weinhändler 198

Vita

Rudolf Knoll 208
Simone Mathias 209

158

Camper willkommen!

Zum Geleit – Genießen Sie das Weinherz von Württemberg!

Wer von Stuttgart ins Remstal fährt, erlebt zuerst eine von Industrie und Gewerbe geprägte Landschaft. Doch schon hinter Fellbach öffnet sich der Blick auf Weinberge, Hügel und Wälder. Der Kontrast zwischen Siedlungsfläche und freier Landschaft wird noch reizvoller, je weiter wir das Remstal in Richtung Schorndorf hinauffahren. Steile Hänge mit prächtigen Weinlagen, Obstwiesen und kleine Mischwälder laden zum Entdecken, zur Wanderung, zum Entspannen ein.

Weinbau hat im Remstal eine lange Geschichte. Schon 1068 n.Chr. ist Weinbau in Beinstein bei Waiblingen urkundlich erwähnt. Zahlreiche urkundliche Belege zeugen vom Einfluss vieler Klöster auf den Weinbau. Allein an den Weinbergen am Kappelberg bei Fellbach hatten eine Reihe von Klöstern Gutsrechte. Und viele Weingüter führen uns mit ihrer Entstehungsgeschichte weit zurück. So wurde das Weingut Aldinger in Fellbach 1492 von Benz, dem Aldinger, ins Leben gerufen. Auch die Weinfamilie Ellwanger in Winterbach kann auf eine über 500-jährige Geschichte zurückblicken.

Die Weinreise ins Remstal und in die nahegelegenen Weingebiete um Stuttgart führt den Genießer ins Weinherz Württembergs! Hier finden sich kreative Weinmacherinnen und Weinmacher, ambitionierte Genossenschaften und Kellereien sowie weinbegeisterte Gastronomen.

Rudolf Knoll, der bekannte Weinjournalist des Magazins Vinum und Vater des Deutschen Rotweinpreises, nimmt Sie, liebe Leserinnen und Leser, mit auf eine faszinierende Entdeckungsreise mit vielen hilfreichen Informationen. Rudi – wie ich ihn in vielen Jahren vinophiler Freundschaft nennen darf – öffnet Ihnen die Pforten der Weingüter und bittet Sie einzutreten, um zu besichtigen, zu probieren und dabei viel Wissenswertes zu erfahren.

Die ganze Vielfalt der Weine des Remstals wird präsentiert. Körperreiche Rotweine vom Gipskeuper, filigrane Weißweine von Schilf-, Kiesel- oder Buntsandstein, oder

Cuvées, die vom Bunten Mergel geprägt sind. Das Remstal und seine Weine, eine Landschaft und edle Tropfen, verführen zum Wiederkommen. Nicht zu vergessen: Etliche Gaststätten wie zum Beispiel das »Lamm« in Hebsack oder das »Aldinger« in Fellbach bieten schwäbische Küche auf höchstem Niveau, verbunden mit einem großen Angebot regionaler Weine.

Wer die Weine vom Fellbacher Lämmler bis zum Schorndorfer Grafenberg verkostet hat, wird auf immer Freundschaft mit dem Remstal und nachbarlichen Fluren im Stuttgarter Raum und seinen Weinen schließen.

Ich wünsche Ihnen ein großes Lesevergnügen mit dem Weinbuch von Rudi Knoll und Simone Mathias!

Konrad Jelden
Polizeipräsident a. D.

Konrad Jelden wurde am 3. Oktober 1945 in Vaihingen/Enz geboren. Nach dem Studium der Rechtswissenschaften und Stationen in der Verwaltung beim Landeskriminalamt wurde er 1995 zum Präsidenten der Landespolizeidirektion Stuttgart ernannt. Hier war er zuständig für eine Millionen Hektar Fläche von Wertheim bis Böblingen, von Geislingen bis kurz vor Pforzheim und 3,4 Millionen Menschen. Seit 1972 ist er verheiratet (zwei Kinder) und lebt als bekennender Remstäler in Waiblingen. Schon in der Jugend und lange vor dem Ruhestand entpuppte er sich als Weinfan und -kenner und machte sich einen Namen durch seine jährlichen »Weinreisen« mit Vorstellung ausgewählter Weinerzeuger und deren Gewächsen. Oft war und ist er gefragt als Probensprecher. Stets betont er dabei einen Grundsatz: »Wer trinkt, fährt nicht. Promille verwirrt die Pupille.« Der frühere Leistungssportler (Leichtathletik, Skifahren) engagiert sich vielseitig ehrenamtlich. Für seine besonderen Verdienste um das Land Baden-Württemberg wurde er 2013 mit der Staufermedaille von Ministerpräsident Winfried Kretschmann ausgezeichnet. 2018 zog der Weinbauverband Württemberg mit der Goldenen Ehrennadel nach.

Willkommen in einer Aufsteigerregion

Hätte mich vor 25 Jahren ein Verleger gefragt, ob ich einen Weinführer für das Remstal inklusive Stuttgart und Ludwigsburg machen könnte, wäre ich irritiert gewesen und hätte darauf hingewiesen, dass der Umfang sehr bescheiden sein müsste. Denn damals gab es in dem Gebiet nur sehr wenige vorzeigbare Erzeuger. Im Gault Millau von 1997 waren aufgereiht: Gerhard Aldinger, Jürgen Ellwanger, Karl Haidle, Werner Kuhnle, Albrecht Schwegler und auf Stuttgarter Gemarkungen noch Hans-Peter Wöhrwag sowie das Weingut des Hauses Württemberg in Ludwigsburg.

Die Betriebsgrößen waren gar nicht mal gering und sorgten dafür, dass die Weingüter lebensfähig waren – wenn man mal davon absieht, dass Schwegler damals weniger als einen Hektar bewirtschaftete. Aber das funktionierte, weil Wein für den Unternehmer nicht recht viel mehr als ein ambitioniertes Hobby war. Ein Riese überstrahlte damals alles im Remstal: die Remstalkellerei in Weinstadt-Beutelsbach, gegründet in Zeiten der Not in 1940, in der Nachkriegszeit auf Wachstumskurs. 1980 hatten die über 2500 Mitglieder rund 900 Hektar unter Reben. Da blieb nicht sonderlich viel Spielraum für privaten Weinbau.

Der ließ es damals nur gelegentlich positiv aufblitzen. Ein Vorkämpfer war der 2016 verstorbene Gerhard Aldinger aus Fellbach, der 1955 als jüngster Weinbaumeister im Ländle viele Kollegen vor den Kopf stieß, weil er es wagte, mit seinen 0,5 Hektar selbstständiger Winzer zu werden. Aber er glaubte daran, dass Weingüter im genossenschaftlich dominanten Württemberg (früher rund 80 Prozent Anteil) eine Zukunft hätten. Später gründete er den Verein der selbstvermarktenden Weingüter und war von 1976 bis 1991 dessen Vorsitzender. Ein anderer Weingärtner mit Rebellen-Charakter war Jürgen Ellwanger aus Winterbach, der als einziger Remstäler 1986 Mitglied der Studiengruppe Neues Eichenfass wurde. Ihr Kurzname war »HADES« nach den Namen der Beteiligten: Fürst Hohenlohe, Graf Adelmann, Drautz-Able, Ellwanger und Sonnenhof Fischer. Sie experimentierten eifrig und vorbildlich mit dem Ausbau in Barriques, die in den Achtzigerjahren in Deutschland immer häufiger für den Ausbau genutzt wurden. Ellwanger brachte hier schon eine gewisse Erfahrung mit: Im miserablen Jahrgang 1984 baute er auf Wunsch von Spitzenkoch Vincent Klink einen leichten trockenen Ruländer im neuen Holz aus. Das Ergebnis kommentierte der Sternekoch mit den Worten: »Es ist uns gelungen, Holz in Flaschen abzufüllen.« Aber viele Jahre später stellte man im Hause Ellwanger fest, dass daraus doch trinkbarer Wein geworden war …

Viel hat sich seit der Zeit geändert, in der eine große Genossenschaftskellerei die absolute Hauptrolle im Remstal innehatte. Diese erlebte seit ihrer Hochzeit einen deutlichen Schrumpfungsprozess. Die Gründe dafür sind vielseitig und nicht unwesentlich auch hausgemacht. Aktuell ist die Lage stabilisiert. Aber das Abspecken trug dazu bei, dass Rebflächen verfügbar wurden und sich damit Chancen für Newcomer eröffneten. Auch die vormals wenig wahrgenommene Fellbacher Genossenschaft konnte sich sehr positiv entwickeln und zudem qualitative Akzente setzen. Etliche junge Weingärtner und Weingärtnerinnen bereichern seit Jahren die Szene. Sie gehen nach einer guten Ausbildung, immer wieder auch im Ausland, hochambitioniert ans Werk, sind innovativ und schauen weit über den Tellerrand hinaus. Und sie sind zunehmend im

Bio-Weinbau aktiv. Genutzt wird die Höhenlage des Gebietes mit ihren meist sonnigen Hängen und 30 Prozent in relativ steilen Lagen. Die schwierigen Terrassenlagen, die am Neckar noch häufig zu finden sind, wurden an der Rems kaum jemals bebaut. Das erleichtert die Arbeit in den Reben. Hier haben rote Sorten eine gewisse Dominanz mit rund 60 Prozent Flächenanteil. Aber der Anteil weißer Sorten ist höher als in Württemberg insgesamt (alles zusammen 11 400 Hektar). Trollinger, Riesling und Lemberger sind die wichtigsten Sorten. Erfreulich ist, dass der früher oft als Massenträger missbrauchte Trollinger in den letzten Jahren häufiger zeigen kann, dass mit ihm beachtliche Weine Ergebnisse sind, die sogar als richtiger Rotwein durchgehen.

Bei anspruchsvollen Weinwettbewerben wie dem Deutschen Rotweinpreis des Magazins Vinum tauchen immer wieder Remstäler und ihre Stuttgarter Nachbarn auf den Ergebnislisten ganz vorn auf, etwa Aldinger, Schnaitmann, Karl Haidle, Escher, Doreas, Jürgen Ellwanger, die Weinmanufaktur Untertürkheim und ebenfalls aus Stuttgart Collegium Wirtemberg, Wöhrwag und der Herzog von Württemberg. Das zeigt auf, dass sich die Erzeuger in diesem Gebiet auch national behaupten können. Wenn heute der Verein Remstal Tourismus vermeldet, dass seine Region als Lokomotive Württembergs gilt und Ausgangspunkt des württembergischen Weinwunders ist, dann ist das keineswegs dick aufgetragen, sondern auf den Punkt gebracht. Rund 50 Weinbaubetriebe gibt es, die etwa 1200 Hektar bewirtschaften (hier sind noch die Betreiber von etwa 20 Besenwirtschaften aktiv). Auf die beiden Remstäler Genossenschaften entfallen nur mehr rund 50 Prozent.

Stuttgart hat dazu etwa 600 Hektar zu bieten, ein größerer Teil entfällt auf die beiden Genossenschaften Weinmanufaktur und Collegium, die geführt werden wie private Weingüter. Größte Weinorte sind Weinstadt mit seinen diversen Ortsteilen, Fellbach, Kernen inklusive Stetten, Remshalden und Korb.

Das Gebiet kann zufrieden sein mit seiner Entwicklung, die vor 25 Jahren nicht unbedingt zu erwarten war. Einzige Schwierigkeiten machen gelegentlich Schwankungen in der Natur mit Frost, Hagel und Rebkrankheiten. Wie man damit umgeht, wissen die Weingärtner. Sie sind auch nicht mehr zornig wie einst, wenn die Erntemenge geringer ist als normal. Denn das muss für die Qualität nicht schädlich sein. An extreme Maßnahmen wie einst wird längst nicht mehr gedacht. Als sich 1552 im Raum Stuttgart ein miserabler Jahrgang ankündigte, schritt man im Weinbau zu einer Sofortmaßnahme. Die Chronik vermeldet: »[…] verbrannte deswegen neun alte Weiber als Hexen, hierauf warme Witterung eintrat und die Reben wieder ausschlagen.«

Rudolf Knoll

Natur, Kultur, Wein und Kulinarik – Das Remstal unendlich erleben

Das Remstal – Ein Genießerhimmel

Das Remstal versteht sich als Genießerhimmel vor den Toren von Stuttgart, Image-prägend sind insbesondere die zahlreichen hervorragenden Genusshandwerker. Kaum ein Weinwettbewerb, bei dem Remstäler Weingüter nicht auf den vorderen Plätzen landen! Grundlage der Spitzenprodukte bilden ideale klimatische Bedingungen auf rund 750 Hektar Rebfläche: sonnenverwöhnte Hänge, besondere Böden sowie eine gewisse Höhenlage schaffen beste Voraussetzungen. Hinzu kommen topausgebildete Jungwinzer. Entdecken lassen sich die Remstal-Weine in den Vinotheken und Besenwirtschaften der Wengerter oder bei einem der zahlreichen Weinfeste und After Work-Veranstaltungen.

Längst kein Geheimtipp mehr ist der alljährlich im Februar stattfindende »Weintreff«. In der Alten Kelter Fellbach präsentieren 50 Weinmacher aus der Region über 300 Kreszenzen aus ihrem aktuellen Sortiment in unvergleichlicher Atmosphäre.

Ein unendlich genussvolles Kompletterlebnis verspricht ein Besuch bei den Remstäler Gastronomen. Die Auswahl ist groß: Von der einfachen Besenwirtschaft über Gasthöfe mit gutbürgerlicher Küche bis hin zum Sternerestaurant gibt es alles, was das Genießerherz höherschlagen lässt. Vielfach setzen die ausgezeichneten Küchenchefs auf regionale Zutaten, die mit einer ordentlichen Prise Herzblut raffiniert veredelt werden. Dabei konzentriert sich der eine auf traditionelle schwäbische Rezepte, der andere integriert internationale Einflüsse und zaubert ein überregionales Remstal Cross-over auf den Teller.

Eine gute Gelegenheit, die Remstal-Küche zu erschmecken, bietet sich im Rahmen der Aktion »Remstal Schlemmer-Menü« jedes Jahr im Herbst.

Das Remstal – Ein Wandertal

In den letzten Jahren hat sich das Remstal aber auch zum genussvollen Wandertal weiterentwickelt. Über 700 Wanderkilometer, auf wunderschönen Talwegen sowie auf Routen in Halbhöhenlage mit herrlichen Ausblicken führen entspannt durch ein abwechslungsreiches Naturparadies; dazu noch bestens ausgeschildert. Von den zahlreichen Themen-, Rund- und Streckenwanderwegen im Remstal erfüllen sechs Wege sogar die Qualitätskriterien des Deutschen Wanderverbandes und dürfen somit das Siegel »Qualitätswege Wanderbares Deutschland« tragen: die sogenannten Remstal Wanderschätze. Zweifelsohne ein ganz besonderes Highlight für Wanderer und Genießer stellt der RemstalWeg dar: Der 215 Kilometer lange Fernwanderweg verspricht von der Quelle der Rems bis zur Mündung in den Neckar herrliche Aussichten von den Höhen und geschichtsträchtige Orte im Tal sowie Weinberge, Streuobstwiesen, Felder und Wälder.

Selbstverständlich bietet die abwechslungsreiche Tal- und Hügellandschaft zahlreiche Möglichkeiten, die Region alternativ mit dem Rad zu entdecken. Besonders beliebt ist der 106 Kilometer lange, mit blauen Bodenwellen markierte Remstal-Radweg. Der vom ADFC mit vier Sternen ausgezeichnete Qualitätsradweg führt ab Weinstadt-Endersbach nach Remseck am Neckar und von dort aus an der Rems entlang bis nach Aalen im Osten. Wer lieber bergab fährt, radelt in umgekehrter Richtung. Sechs Nebenrouten des Remstal-Radwegs führen zudem in die Seitentäler und auf die Höhen des Remstals.

Das Remstal – Ein Tal der guten Laune

Kulturell hat das Remstal ebenfalls viel zu bieten: 21 Städte und Gemeinden locken mit historischen Innenstädten, architektonischen Highlights, Kunstinstallationen und at-

traktiven Museen – die unter anderem die Geschichten von Rebellen und Tüftlern im erfinderischen Remstal erzählen. Einheimischen sowie Besuchern wird eine bunte Auswahl an Events, Sehenswürdigkeiten und Freizeitaktivitäten geboten; darunter interkommunale Veranstaltungen, an denen die zahlreichen Remstal-Kommunen zugleich beteiligt sind. Im Remstal ist immer was los – und so darf das Remstal mit Fug und Recht als Tal der guten Laune bezeichnet werden!

Werner Bader
www.remstal.de

VERANSTALTUNGSTIPP: REMSTAL WEINTREFF

Remstal Weintreff – Ein einmaliger vinologischer Überblick
Stilvolle Weinverkostung mit rund 50 Weingütern und mehr als 300 Weinen aus dem Remstal.

Alljährlich im Februar lädt Remstal Tourismus e.V. nach Fellbach zum Weintreff. Hier bietet sich die einmalige Gelegenheit, nahezu alle Weinbaubetriebe des Remstals kennenzulernen und eine Auswahl ihrer Weine zu verkosten, und das Ganze im stilvollen Ambiente der »Kathedrale des Weins«, wie die Alte Kelter im Volksmund genannt wird. Zusätzlich zu den 50 Verkostungsstationen können Besucher an mehreren kommentierten Weinproben teilnehmen, zu denen jeweils ein wechselnder Fachexperte einlädt.

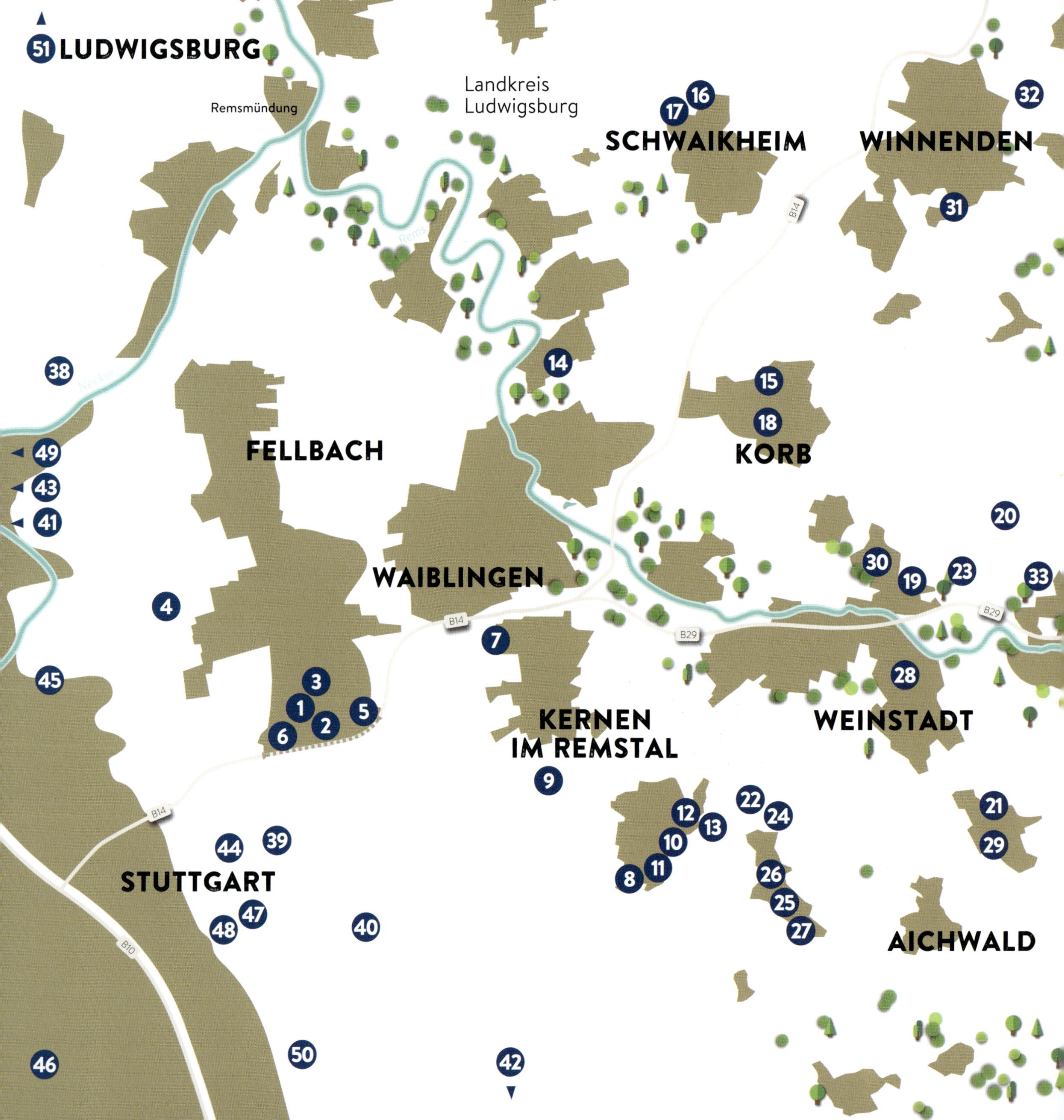

51 LUDWIGSBURG
Remsmündung
Landkreis Ludwigsburg
Rems
Neckar
SCHWAIKHEIM
WINNENDEN
FELLBACH
KORB
WAIBLINGEN
KERNEN IM REMSTAL
WEINSTADT
STUTTGART
AICHWALD
B14
B29
B10
1
2
3
4
5
6
7
8
9
10
11
12
13
14
15
16
17
18
19
20
21
22
23
24
25
26
27
28
29
30
31
32
33
38
39
40
41
42
43
44
45
46
47
48
49
50

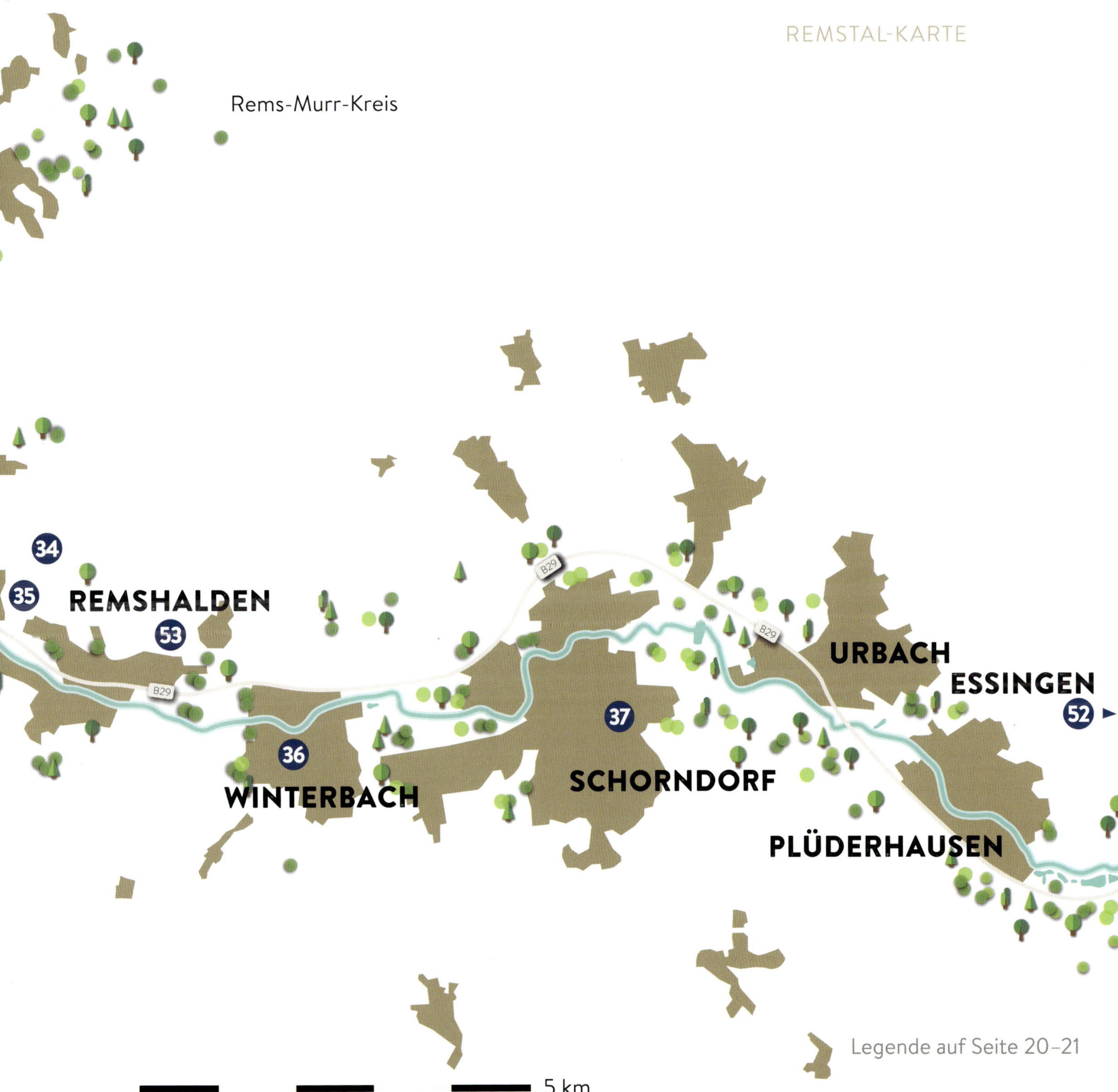

Legende auf Seite 20–21

Legende

1 Weingut Aldinger 24
2 Fellbacher Weingärtner 28
3 Weingut Heid 32
4 Weingut Johannes B. 36
5 Weingut Rienth 38
6 Weingut Rainer Schnaitmann 40
7 Weinkellerei Wilhelm Kern 44
8 Weingut Beurer 48
9 Weingut Eißele 52
10 Weingut Karl Haidle 54
11 Weingut W. Haidle 58
12 Weingut Medinger 60
13 Weingut Singer-Bader 62
14 Bio-Weingut Häußermann 64
15 Weingut Zimmerle 66
16 Weingut Escher 70
17 Weingut Maier 72
18 Weingut Albrecht Schwegler 76
19 Weingut Bernhard Ellwanger 80
20 Weingut Gold 84
21 Weingut im Hagenbüchle 88
22 Weingut Idler 90
23 Weingut Wolfgang Klopfer 94
24 Weingut Knauß 98
25 Weingut Kuhnle 100
26 Mannschreck Weine 102
27 Parfum der Erde 104
28 Remstalkellerei 106
29 Weingut Wissmann-Stilz 110
30 Weingut im Hof Armin Zimmerle 112
31 Weingut Siegloch 114
32 Weingut Häußer 116

33 Weingut Doreas 118
34 Weingut Mayerle 120
35 Weingut Sterneisen 122
36 Weingut Jürgen Ellwanger 126
37 Weinbau Frick 130
38 Weinbau Ambach 134
39 Collegium Wirtemberg 136
40 Wein- und Sektgut Christel Currle 140
41 Weingut Peter Mayer 142
42 MAXWEIN 144
43 70469R! 146
44 Weingut Schwarz 148
45 Weingut der Stadt Stuttgart 150
46 Vintage Winery Stuttgart 154
47 Weinmanufaktur Untertürkheim 158
48 Weingut Wöhrwag 162
49 Weingut Zaißerei 166
50 Weingut Zaiß KG 168
51 Weingut Herzog von Württemberg 170
52 Weinberg Essingen 176
53 Weinberghütte Geiger 180

Der Wein-Ausbau in Eichenfässern (gebraucht und neu) führt im Haus Aldinger zu Weinen mit eigenständiger Persönlichkeit, die auch lange haltbar sind. Im Bild: Matthias Aldinger.

Kolumbus entdeckt Amerika, »Der Aldinger« den Weinbau

Kolumbus entdeckte Amerika 1492 (und hielt es bis zu seinem Lebensende für Indien). Im gleichen Jahr siedelte ein Bentz, Besitzer von Weinbergen, aus Aldingen am Neckar nach Fellbach über, wo er – damals oft Brauch – zu »Der Aldinger« wurde. Über Jahrhunderte hinweg blieb der Weinbau in der Familie bedeutungslos, bis Gerhard Aldinger (Jahrgang 1930) als jüngster Weinbaumeister im Ländle in die Küferfamilie Pflüger einheiratete und zusammen mit seiner Frau Anneliese das erste Weingut in Fellbach gründete. Das war in einer Zeit genossenschaftlicher Dominanz im Ländle recht wagemutig.

Anfangs musste der junge Sturkopf improvisieren und baute seine ersten Weine in der Süßmosterei des Schwiegervaters aus. Er machte sich nichts daraus, dass die Genossenschafts-Weingärtner auf die »Privaten« hinabschauten, weil sie erfolgreich waren, da damals durch Massenproduktion Geld in die Kassen gespült wurde. Aber Gerhard Aldinger hatte eine Vision, er glaubte an die Zukunft der privaten Weingüter und stellte dafür selbst die Weichen. 1976 gründete er den Verein der selbstvermarktenden Weingüter, blieb bis 1991 dessen Vorsitzender – und Treibkraft.

1994 übergab Vater Gerhard an Junior Gert, der bald darauf Vorsitzender des regionalen Verbandes der Prädikatsweingüter (VDP) wurde und dafür sorgte, dass der Verein eine stabile Struktur bekam. Gerhard Aldinger sah

Der Eingang in der Fellbacher Schmerstraße. Gleich dahinter: Büros, ein stilvoller Verkostungsraum und die Lagerräume.

Drei Männer, ein Ziel – bedeutende Weine zu erzeugen. Senior Gerd, dahinter die Söhne Matthias und Hansjörg.

die Entwicklung mit Freude, pflegte seine Hobbys und war noch fast jeden Tag im Weinberg zu finden – bis er kurz nach seiner Feier zum 86. Geburtstag am 25. Januar 2016 zu Hause stürzte und nach Komplikationen bei der Operation verstarb.

Der Chef scheute keine Experimente, auch wenn sie waghalsig waren

Gert Aldinger (1956) hatte den eigenen Betrieb mit viel Energie, Fachkompetenz und Aufwand weit nach vorn gebracht, immer unterstützt von seiner Frau Sonja. Er scheute keine Experimente, wagte sich sogar an die umstrittene Mostkonzentration und an Holzchips, stellte fest »bringt unseren Weinen nichts«, pflanzte internationale Sorten wie Merlot und Cabernet Sauvignon und sorgte nebenbei dafür, dass die Söhne Matthias (seit 2007 für den Keller verantwortlich) und Hansjörg (zuständig für die Reben) eine prägende Ausbildung bekamen. Beide konnten sich international umsehen. Hansjörg (Jahrgang 1980) lernte unter anderem bei Jürgen Ellwanger und beim Fürsten zu Hohenlohe, Bruder Matthias (1981) bei Bernhard Huber im Badischen und bei Bassermann-Jordan in der Pfalz.

Der Vater zog sich 2017 aus dem operativen Geschäft zurück und übergab an die Söhne. Er weiß aber noch genau, was im Weingut abläuft. Im Weinberg und Keller gilt nach wie vor die Devise »weniger ist mehr«. Matthias beschreibt die Philosophie so: »Wir wollen genau hinhören, wie wir den Wein begleiten dürfen und uns keinen fixen Standard setzen.« Trotz der Flexibilität gibt es Regeln, etwa Ganztraubenpressung beim Riesling, Maischestandzeit beim Sauvignon Blanc und Weißburgunder (beide geniale Weißweine), Vergärung aller Großen Gewächse im Holz; bei Rot unter anderem lange Maischestandzeit bis zu acht Wochen, Ausbau in Barrique (Ausnahme: Trollinger Gutswein) und unfiltrierte Abfüllung. Hin und wieder wird experimentiert, etwa beim nicht angereicherten Trollinger »Sine« (Ohne), der ungeschwefelt »wie gewachsen« als gradliniger, leichtgewichtiger Wein gefüllt wurde, aber enorm »trinkig« ist. Und neuerdings wird aus dem Trollinger ein goldfarbener, enorm konzentrierter Wein aus der Untertürkheimer Lage Gips, deklariert als Erste Lage und als Rosé, aber eigentlich mehr ein Weißwein, geeignet »um Trollinger-Geschichte zu schreiben«. Vom sensationellen 2020er gab es nur eine limitierte Menge.

Das Aldinger-Trio überprüft gemeinsam, wie sich die Weine in Fässern und Tanks entwickelt haben.

Letzter Test: Noch im Barrique lassen oder doch schon abfüllen?

Seit einigen Jahren erzeugt man aufwendig Sekt, der einige Jahre in einem großen Bunker in Cannstatt reift. Inzwischen gibt es auch einen leichtgewichtigen Riesling Kabinett à la Mosel. Vom Spätburgunder und Lemberger werden vermarktungsfähige Mengen zurückgelegt, um sie erst nach einigen Jahren in den Verkauf zu bringen. Neu im Sortiment ist Grüner Veltliner, den man bei Bründlmayer in Langenlois (Kamptal Österreich) schätzen lernte. Der Sorte werden im Remstal von vorläufig 0,15 Hektar feine Würze und mineralische Elemente entlockt. ■

Hier befinden sich die Reben noch im Winterschlaf, aber der Rebschnitt zur Vorbereitung auf neues Wachstum ist bereits erledigt.

WEINGUT ALDINGER

Schmerstraße 25

70734 Fellbach

Tel. 07 11 / 58 14 17

Fax 07 11 / 58 14 88

info@weingut-aldinger.de

www.weingut-aldinger.de

Gegründet: 1492

Inhaber und Kellermeister:
Hansjörg und Matthias Aldinger

Rebfläche: 30 Hektar

Wichtigste Sorten:
Riesling, Spätburgunder, Lemberger, Trollinger, Chardonnay, Weißburgunder, Merlot, Cabernet Sauvignon

Das gehört dazu:
Sektproduktion auf hohem Niveau

Mitgliedschaft: VDP, ab Jahrgang 2023 bio-zertifiziert

Der Wein ist mitbestimmend beim Stadtbild von Fellbach. Die Fellbacher Weingärtner tragen durch sorgfältige Pflege der Reben erheblich dazu bei.

Schon ziemlich alt, aber immer kreativ

Mayschoß an der Ahr, gegründet 1868, bezeichnet sich als »älteste Genossenschaft der Welt«. Aber in Fellbach vor den Toren Stuttgarts gibt es eine Kooperative, die zehn Jahre älter ist. Doch als sich anno 1858 Fellbacher Weingärtner unter Regie des Lehrers und Visionärs Wilhelm Amandus Auberlen organisierten, gab es noch keine regionale oder überregionale Organisation, die diese Gründung registrierte. Schon damals wurde dem Fellbacher Wein in

Fachkreisen attestiert, er gehöre zu den »vorzüglichen Neckarweinen«. Diesem Anspruch sind die Mitglieder und Macher der Genossenschaft stets treu geblieben. Ein Vorteil ist vielleicht die Größenordnung: Mit ihren nicht mal 200 Hektar Rebfläche (zartes Wachstum in den letzten Jahren) und rund 120 Mitgliedern gehören die Fellbacher eher zu den Kleinen in der württembergischen Genossenschafts-Landschaft. So bleibt alles gut überschaubar und man kann in diesem Feld kreativ aufspielen (nebenbei bemerkt: gut aufgespielt wird in Partnerschaft mit dem VfB Stuttgart und den Stuttgarter Kickers). Wie gut die Fellbacher sind, machen zahlreiche Erfolge in den letzten Jahren bei verschiedenen Wettbewerben und die Einstufungen in diversen Weinführern deutlich.

Konstanz und Teamwork sind zwei Schlagworte, die hier passen. Die Mitglieder sind ihrem Unternehmen sehr verbunden, bringen sich – wenn das wieder dauerhaft möglich

Ein Blick in die Schatzkammer zeigt, dass es gute Vorräte an reifen, feinen Gewächsen gibt.

Das Vorstands-Trio der Fellbacher (v.l.): Gert Seibold, Thomas (Tom) Seibold, Joachim Hess.

ist – in diverse Veranstaltungen stark ein und bilden auch bei wichtigen Tätigkeiten wie der Weinlese eine Einheit, die zusammen anpackt. Ein gutes Beispiel ist die überdurchschnittliche Gewinnung von Eiswein; auf diesem Feld haben sich die Fellbacher schon fast zu Spezialisten entwickelt. Gefrorene Riesling- und Spätburgunder-Trauben des Jahrgangs 2020 wurden Mitte Januar 2021 geerntet. Gut elf Monate später war Riesling solo kurz vor Weihnachten dran. Beide Male standen genügend Mitglieder in den frühen Morgenstunden parat für die Ernte.

Originelle Bezeichnungen und vor allem viel Qualität

Diese edelsüßen Gewächse sind ein Highlight im Sortiment der Fellbacher. Es ist breit gefächert und trägt auch dem Wunsch nach herzhaften Weinen für den Alltag und für bestimmte Anlässe Rechnung. Dazu gehören die Linien »Federle«, »Evento« und »Asparagus« und eine stattliche Auswahl an Literweinen. Die sonstige Basis bildet die »Edition«. Die zweite Kategorie »Edition S« mit Erträgen von maximal 70 Liter/Ar ist schon für gehobene Ansprüche gedacht. Das von den Sorten her durchaus breitgestreute Premium-Segment ist als »Edition P« deklariert (Ertrag nicht über 45 Liter/Ar, besondere Stärken sind Lemberger, Spätburgunder, auch Trollinger, Riesling, Cuvée »Amandus«). Und natürlich der seit etwa zehn Jahren im Anbau befindliche Syrah, der beim Deutschen Rotweinpreis 2021 den zweiten Platz belegte. Zu dieser Linie gehören auch einige Weine, die in Barriques ausgebaut wurden und als »Großes Gewächs« deklariert sind. Bemerkenswerter Sekt und ein alkoholfreier Secco (pfiffig »Nixle« genannt) sowie diverse Brände und Liköre runden das Sortiment ab.

Der gut ausgebildete Tobias Single kann als Kellermeister internationale Erfahrungen einbringen.

Das große, ehrwürdige Holzfass hat im Keller der Fellbacher Weingärtner längst nicht ausgedient.

Bemerkenswert war ein Generationswechsel im Keller. Nach 50-jähriger (!) Betriebszugehörigkeit verabschiedete sich Kellermeister Werner Seibold in den Ruhestand. Sein Nachfolger wurde Quereinsteiger Tobias Single (Jahrgang 1990, aufgewachsen am Fuß der Schwäbischen Alb). Er wollte ursprünglich Weinhändler werden, wandte sich dann aber dem Wein direkt zu, wurde im Weingut Aldinger ausgebildet, studierte auf der Weinuni Geisenheim, machte diverse Praktika in Top-Betrieben in der Steiermark, im Rheingau und in Südafrika, startete in die Praxis als Weintechnologe in Fellbach im Frühjahr 2017, wurde schon ein Jahr später Stellvertreter von Seibold und trat schließlich am 1. November 2019 seine Nachfolge an. Seitdem hat er an einigen Stellschrauben gedreht, unter anderem mit der Zielsetzung, die Weine durch moderatere Alkoholgehalte filigraner zu machen.

Mit knapp 200 Hektar Reben gehört der Betrieb in Fellbach nicht zu den großen Genossenschaften im Ländle.

FELLBACHER WEINGÄRTNER

Kappelbergstraße 48
70734 Fellbach
Tel. 07 11 / 5 78 80 30
Fax 07 11 / 57 88 03 40
info@fellbacher-weine.de
www.fellbacher-weine.de

Gegründet: 1858

Vorstandsvorsitzender: Tom Seibold

Geschäftsführer: Friedrich Benz, Albrecht Schurr

Kellermeister: Tobias Single

Mitglieder: 120

Rebfläche: 191,5 Hektar

Wichtigste Sorten: Riesling, Weißburgunder, Chardonnay, Rivaner, Sauvignon Blanc, Lemberger, Trollinger, Spätburgunder

Das gehört dazu: Regelmäßige Veranstaltungen

Im Keller von Markus Heid finden sich Fässer in verschiedensten Größen und Formen, in denen der Wein optimal reifen kann.

Jetzt tut er sich das auch noch an …

Es war einmal ein gelassener Wengerter im Remstal, der nur guten Wein machen wollte, und das in überschaubarem Rahmen auf lediglich fünf Hektar. »Mehr soll es nicht werden, ich will alles selbst machen«, erzählte er vor rund zehn Jahren, als er gerade im Gault Millau zum »Aufsteiger« ernannt wurde. Inzwischen ist einiges passiert im Leben von Markus Heid (Jahrgang 1968) aus Fellbach. Die stark erweiterte Rebfläche ist längst komplett auf biologischen Anbau umgestellt. Er hat in seinem Württemberger »Bauchladen« aufgeräumt und sich auf klassische Sorten konzentriert. Die Regeln des VDP, bei dem er seit einigen Jahren Mitglied ist, hat er an seine Bedürfnisse angepasst. So gibt es bei ihm zwar Gutswein, Erste Lage und Große Gewächse. Neu ist jedoch die Kategorie Steinmergel, die eigentlich in der VDP-Kategorie Ortswein angesiedelt ist. Aber weil die Weine aus verschiedenen Orten und Lagen kommen, ist eine genauere Angabe nicht zulässig. Beispiel: Steinmergel Riesling mit Herkunft aus einer Beutelsbacher und Schnaiter Flur.

Sekt, erzeugt im fränkischen Kitzingen, ist wichtig geworden im Sortiment

Damit wird aufgezeigt, dass Heid seine Spielwiese über Fellbach hinaus vergrößert hat. Aber nicht nur das. Es gibt seit dem Jahrgang 2019 noch ein Engagement im fränki-

1990 übernahm Markus Heid als 22-Jähriger zu Hause die Verantwortung im Keller.

Der genaue Rebschnitt – eine Vorentscheidung und Weichenstellung für erstklassige Weine.

schen Kitzingen, das Freunde mit der Aussage »Warum tust du dir das auch noch an?« kommentieren. Ein Fellbacher Investor und guter Freund hatte sich das ehemalige Willi Meuschel jr. Weingut angelacht, das die alteingesessene Familie nicht mehr fortführen wollte. Er suchte und fand einen Macher in Fellbach, der zwar einen Geisenheim-Absolventen als verlängerten Arm installierte, aber doch den einst bedeutenden 7,5 Hektar-Betrieb wieder wachsen lassen und durch eigenen Einfluss bedeutend machen will.

Ein guter Grund für den fränkischen Einstieg von Heid waren die räumlichen Möglichkeiten in Kitzingen für einen wichtig gewordenen Sortimentsbereich. Mittlerweile wird ein Fünftel der Remstäler Produktion versektet, ein Teil davon im historischen Gewölbekeller in Kitzingen. Was hier entsteht, ist bemerkenswert, zum Beispiel der cremige, elegante Cremant brut. »Aufschäumend frohlockt er zu guter Laune«, wird auf dem Etikett versprochen – und gehalten. Eine weitere bauliche Ergänzung steht in Fellbach an: Bedingt durch die räumliche Enge mitten in Fellbach wird ein Teil des Betriebes mit Raum für Gerätschaften ausgelagert. Markus Heid ist dabei auf klimaneutrale Bauweise erpicht.

Winzer ist er schon lang. Zwar stieg er nach der Ausbildung (Weingut Kistenmacher-Hengerer) nicht sofort in den damals kleinen Familienbetrieb ein, sondern arbeitete nach dem Besuch der Technikerschule in Weinsberg zunächst einmal bei verschiedenen Württemberger Weingütern, ehe er 1990 zu Hause Verantwortung im Keller übernahm.

Im Keller arbeitet er sehr schonend. Spontangärung und ein langes Hefelager bis kurz vor der Abfüllung sind

Mal entspannen im Keller, eine eher seltene Stellung für den Winzer unter Strom.

Das schmucke Fachwerk des Weingutes ist eine Fellbacher Augenweide.

bei Weiß Standard. Die Rotweine werden größtenteils im Holzfass und in Barriques ausgebaut. Bekannt stark ist seine beim Deutschen Rotweinpreis häufig im Finale vertretene Rotwein-Kollektion mit Spätburgunder und Lemberger, auch als Große Gewächse. Mit gradlinigem Trollinger und dem saftigen Portugieser kann er angenehm überraschen. Dass ein Melchisedec Heid anno 1699 in Fellbach mit Weinbau begann, wird mit einem nach ihm benannten Syrah gewürdigt. Dass Melchisedec auch für einen mythischen König steht, passt. Deshalb sind neben dem mineralischen, straffen Riesling einige der besten Weißen (Weißburgunder, Chardonnay, Sauvignon Blanc) so benannt – und schenken ein königliches Vergnügen. ■

Die Weingärten sind für den erfahrenen Markus Heid fast ein zweites Zuhause.

WEINGUT HEID

Cannstatter Straße 13/2
70734 Fellbach
Tel. 07 11 / 58 41 12
Fax 07 11 / 58 37 61
Mobil 0171 / 4 08 49 45
info@weingut-heid.de
www.weingut-heid.de

Gegründet: 1699

Inhaber: Markus Heid

Rebfläche: 12 Hektar

Wichtigste Sorten:
Riesling, Sauvignon Blanc, Weiße Burgunderfamilie, Spätburgunder, Lemberger, Trollinger, St. Laurent, Syrah

Das gehört dazu:
Umfangreiche Sektproduktion, Weingut in Franken: Gut Wilhelmsberg, Kitzingen

Mitgliedschaft: VDP, Ecovin

Das Weingut ist in einem großen landwirtschaftlichen Familienbetrieb in einem Fellbacher Grüngürtel optimal integriert.

Der geheimnisvolle Name

Der Name des Weingutes weckt Neugier. Das war für Johannes Bauerle bei seinen weinbaulichen Anfängen nicht unwichtig. Winzer war schon in der Jugend sein Berufsziel. Aber er wuchs in einer Familie auf, die in der Landwirtschaft sehr aktiv war und ist und Weinbau nicht im Vordergrund stand. Der junge Mann aus dem Jahrgang 1987 machte dennoch die Ausbildung zum Weinküfer, sammelte anschließend neue Eindrücke in Neuseeland beim dort tätigen badischen Winzer Karl Heinz Johner und machte weiter mit dem Besuch der Technikerschule im fränkischen Veitshöchheim. 2010 war er damit durch, sah sich in Südtirol in der vorbildlichen Cantina Schreckbichl um und betreute anschließend im elterlichen Betrieb die kleine Sparte Weinbau. Berufsbegleitend wurde die Akademie des Handwerks besucht, damit er für seine Zielsetzung des eigenen Weinguts auch notwendige betriebswirtschaftliche Kenntnisse intus hatte. 2013 wurde schließlich das Weingut gegründet, mit Flächen in Fellbach, Bad Cannstatt und am Stromberg.

Talent zahlt sich aus: Der Fellbacher war schon »next Topwinzer« eines Weinmagazins

Schnell fiel er mit seinen Weinen positiv auf, sodass er sich im Frühjahr 2015 im Weinmagazin Vinum als einer von 25 ausgewählten »Germanys next Topwinzer« wiederfand. Besonders gelobt wurden damals Spätburgunder, Trollinger, Grauburgunder, Sauvignon Blanc und der Sekt vom Riesling. Bald darauf fand der Wein auf den Fluren des Fellbacher Großbetriebes eine eigene Heimat mit einem repräsentativen Gutsausschank, der auch für Veranstaltungen genutzt werden kann und genügend Platz für Tanks und Fässer inklusive zahlreicher Barriques bietet. Ihm zur Seite stand dabei Gattin Susanne als gelernte Hotelfachfrau sowie die Familie mit dem 2020 verstorbenen Vater Klaus Bauerle. Der Bruder von Johannes, Philipp, leitet seitdem zusammen mit Mutter Karin den Betrieb mit den landwirtschaftlichen Sonderkulturen. Johannes griff immer zu, wenn irgendwo in der Nähe geeignete Rebfläche in optimalen Standorten zu bekommen war. So wuchs der Betrieb schnell von 3,5 auf 15 Hektar. Grauburgunder, Spätburgunder und die rote Cuvée »Dickes B« sind die aktuellen Vorzeigeweine. Zielsetzung für die nächste Zeit ist die Umstellung auf biologischen Weinbau. ■

Johannes Bauerle kann stolz auf das in wenigen Jahren als Winzer Erreichte sein.

WEINGUT JOHANNES B.

Höhe 1
70736 Fellbach
Tel. 07 11 / 52 41 28
Mobil 0174 / 2 48 67 28
info@weingut-johannesb.de
www.weingut-johannesb.de

Gegründet: 2013
Inhaber: Johannes Bauerle
Rebfläche: 15 Hektar
Wichtigste Sorten:
Riesling, Lemberger, Grauburgunder, Spätburgunder, Chardonnay, Sauvignon Blanc

Das gehört dazu:
Landwirtschaftlicher Betrieb der Familie Bauerle mit über 100 ha mit Spargel, Tafeltrauben und Obst; im Außenbetrieb in Bittenfeld außerdem Gänse; Verkauf auch über Bauerles saisonal geöffneten Besen

Hereinspaziert in ein Weingut, in dem neben guten Weinen auch Sekt aus eigener Herstellung offeriert wird und dessen Besen weit über die Grenzen Fellbachs hinaus bekannt ist.

Sterne weisen den Weg

Hasentanz ist ein Lied (»all die kleinen Häschen, rümpfen keck das Näschen«). Es ist aber auch eine beliebte Adresse in Fellbach, hinter der sich ein bekanntes Weingut befindet, das wiederum schon in seinem Gutsausschank »Zom Hasatanz« demonstriert, dass man hier auf Qualität setzt. Nicole Rienth, Gattin von Winzer Markus Rienth (Jahrgang 1979), betont, dass man im Speisenangebot ausschließlich auf regionale Zutaten setzt. Für die flüssige Begleitmusik ist Markus verantwortlich. Er hat dafür eine gute Ausbildung im Weingut Karl Haidle in Stetten und im Staatsweingut in Meersburg genossen, war dann ein Jahr im renommierten Weinlabor Klingler in Waiblingen tätig und avancierte in Weinsberg noch zum Weinbautechniker. Die Eltern Gisela und Gerhard (beide Jahrgang 1952 und nach wie vor im Betrieb aktiv) ermöglichten ihm dann 2004 und 2005 Praktika in Südafrika und Australien. 2015 wurde schließlich übergeben.

Ungewöhnliche, aber gut verständliche Wein-Klassifikationen abseits der Normen

Markus Rienth installierte ein eigenständiges Qualitätssystem mit Sternen als guten Hinweis für die Kundschaft. Ein Stern ist die solide Basis. Tipp hier: Ein feinherber Muskat-Trollinger Rosé mit Fülle und Würze. Bei zwei Sternen darf man als Kunde die Erwartungen schon deutlich höherschrauben und sich zum Beispiel an einem im Holzfass gereiften Lemberger oder einem Merlot aus Barriques erfreuen. Die selten vergebenen drei Sterne ziert unter anderem die rote Cuvée »Kastell« (saftig, komplex, klare Würze im Aroma). Hier lag die Erntemenge unter 50 Liter/Ar und es standen ausgewählte Rebbestände Pate.

Eine Besonderheit des Hauses ist das relativ breite Sortiment an Sekt. Die eigene Sektherstellung nach dem klassischen Verfahren führten vor 30 Jahren noch die Senioren ein. Aushängeschild ist hier der Chardonnay aus dem Goldberg, der im Holzfass reifte und 42 Monate auf der Hefe lag. Basis für alle Weine sind vollreife und gesunde Trauben. »Konsequente Ertragsreduzierung und Pflege der Weinberge sowie ein sorgfältiger Ausbau mit der Offenheit für Neues«, nennt Rienth als Erfolgsrezept. So wagte er sich auch an eine etwas gewöhnungsbedürftige »Cuvée Orange« von weißen Sorten mit Maischegärung. ■

Markus Rienth sammelte auch Wein-Erfahrung in Südafrika und Australien – Dank der Eltern.

WEINGUT RIENTH

Im Hasentanz 8–10
70734 Fellbach
Tel. 07 11 / 58 16 55
Fax 07 11 / 5 78 12 86
info@rienth-weingut.de
www.rienth-weingut.de

Gegründet: 1972
Inhaber: Markus Rienth
Rebfläche: 6,5 Hektar
Wichtigste Sorten:
Riesling, Chardonnay, Grauburgunder, Sauvignon Blanc, Gewürztraminer, Trollinger, Lemberger, Muskat-Trollinger
Das gehört dazu:
Gutsausschank »Rienth's Weintreff«

Rainers Reich: Barriques und größere Holzfässer sind im wohltemperierten Keller des Fellbacher Topwinzers unverzichtbar.

Ein Fall für Superlative

Renommierte Weinhändler wie Pinard de Picard überschlagen sich förmlich in ihren Beschreibungen über das Fellbacher Weingut, das 2022 sein 25-jähriges Jubiläum feiern kann: »Hoch auf dem Württemberg vollzieht sich eine der spannendsten und dynamischsten Entwicklungen der jüngeren deutschen Weinbaugeschichte«, wurde im Zusammenhang mit Rainer Schnaitmann formuliert. Man darf unterstellen, dass solche Hymnen dem selbstbewusst-bodenständigen Weingärtner gar nicht so recht sind. Er lässt lieber seine Weine für sich sprechen. Und er hat damit in relativ kurzer Zeit einiges erreicht.

Das Potenzial der eigenen Reben wollte er, gut ausgebildet, richtig ausreizen

Als junger Bursche wollte er eigentlich Architekt werden. Aber da die Familie seit über 500 Jahren in Fellbach Weinbau betrieb, konnte er dieses lange Stück Geschichte nicht einfach abschließen. Er wollte nur eigenständig Wein machen und nicht die Trauben an die Ortsgenossenschaft abliefern. Also stand zunächst eine klassische Lehre mit anschließendem Weinbau-Studium in Geisenheim an. Dann schaute er sich in Südtirol und Neuseeland um und wagte 1997 mit zunächst drei von acht Hektar Familienbesitz in einer umgebauten alten Scheune den Einstieg in die Selbstvermarktung. »Ich war vom Potenzial unserer

Nach aufwendigen Modernisierungen am Gebäude an der Untertürkheimer Straße begrüßt Schnaitmann seine Gäste in der neuen Vinothek.

1997 fuhr Rainer Schnaitmann seinen ersten Jahrgang ein, nachdem er sich entschlossen hatte, doch nicht Architekt zu werden.

Reben überzeugt«, urteilt er im Rückblick. Sein erster Jahrgang wurde im Gault Millau 1999 gut bewertet. »Kann sich sehen lassen«, wurde über den 1997er notiert.

Der Jungwinzer vom Jahrgang 1967 feierte diverse Erfolge mit unterschiedlichen Sorten bei großen Wettbewerben wie dem Deutschen Rotweinpreis. Er wurde in den wichtigsten Weinführern immer höher bewertet und zum »Aufsteiger des Jahres« im Gault Millau sowie im »Eichelmann«. Und er sah über den eigenen Tellerrand hinaus. Bereits 2000 avancierte das Weingut zum Ausbildungsbetrieb. Seitdem hat er rund 40 jungen Leuten einen wichtigen Schliff verpasst, ebenso einer noch größeren Zahl von Praktikanten. Bald fiel er dem Verband der Prädikatsweingüter wohlwollend auf; so wurde er 2006 Mitglied im renommierten VDP und gehört heute zu dessen württembergischen Aushängeschildern. Vor einigen

Jahren erfolgte die Umstellung auf ökologischen Weinbau, obwohl die Rebfläche immer weiter wuchs und er sich inzwischen nicht nur im Remstal (Fellbacher Lämmler, Schnaiter Altenberg, Beutelsbacher Burghalde), sondern auch in Stuttgarter Fluren (Uhlbacher Götzenberg, Untertürkheimer Mönchberg) tummelt. Der biodynamische Weinbau wird der nächste Schritt sein. Hilfestellung geben tüchtige Mitarbeiter im Außenbetrieb sowie Gattin Petra und Mutter Heide.

Im Keller spielt neues und gebrauchtes Holz eine wichtige Rolle. Spontane Vergärung und langes Hefelager gehören für Schnaitmann zum Standard. Händler Pinard de Picard urteilt über das Resultat: »Ungemein spannende, individuelle und begeisternde Tropfen.« Einige seiner besten Weine sind als »Simonroth« deklariert, nach dem Weiler »Immosrod« am Fuß des Fellbacher Kappelbergs. Die Bezeichnung hat er sich schützen lassen, da Nachahmer bei erfolgreichen Weinnamen nicht selten sind. Besonders stolz ist er auf den Sauvignon Blanc; die Sorte lernte er in Neuseeland schätzen. Delikate Aromatik entwickelt der Muskateller. Star im weißen Sortiment ist der Riesling; die cremige Réserve-Qualität liegt 30 Monate im Holz. Bei den Rotweinen ist Spätburgunder sein Aushängeschild. Der unfiltriert gefüllte »Simonroth«, der drei Jahre reifte, braucht danach immer noch etwas Zeit, um sich voll zu entfalten. Ein spannender, fordernder Wein ist der Trollinger. Auch mit Rosé ist Schnaitmann gut unterwegs: Viel Beifall bekommen hier der Muskat-Trollinger »Steinwiege« und der ungeschwefelte »Boom« aus Spätburgunder und Schwarzriesling, der sich zu einem Sommerhit entwickelt hat. ■

Die Rebanlagen von Schnaitmann verteilen sich auf Fellbach, Uhlbach, Beutelsbach und Schnait.

Auch die Vogelwelt fühlt sich wohl in den Bio-Reben des Fellbacher Weingutes.

Ungemein spannende, individuelle Weine reifen nach Meinung des renommierten Weinhandels in den Fässern von Rainer Schnaitmann.

WEINGUT RAINER SCHNAITMANN

Untertürkheimer Straße 4
70734 Fellbach
Tel. 07 11 / 57 46 16
Fax 07 11 / 5 78 08 03
info@weingut-schnaitmann.de
www.weingut-schnaitmann.de

Gegründet: 1997
Inhaber: Rainer Schnaitmann
Rebfläche: 24 Hektar

Wichtigste Sorten:
Riesling, Weißburgunder, Sauvignon Blanc, Muskateller, Lemberger, Spätburgunder, Merlot, Trollinger

Mitgliedschaft: :
VDP, EU-Bio-Logo

Christoph Kern ist der Mann an der Spitze einer Weinkellerei, die sich einen sehr guten Ruf weit über das Remstal hinaus erarbeitet hat.

Von Stuttgart ins Remstal in fünf Generationen

Heimlich, aber nicht still und leise hat sich eine große Kellerei, die man einst eher mit Masse in Verbindung brachte, positiv entwickelt und eine beachtliche Größenordnung und Stabilität erreicht, an die frühere Generationen wohl nicht zu denken wagten. Ab 1903 bis in die Sechzigerjahre war der Familienbetrieb der Kerns in Stuttgart-Süd aktiv, zuerst als Fassküferei, dann als Handelsbetrieb, der Wein aus verschiedenen Ländern zukaufte. Dann erfolgte ein

Umzug nach Fellbach-Schmiden und der Aufbau der regionalen Erzeugergemeinschaft, ehe 2012 Kernen-Rommelshausen Standort wurde und die vierte Generation um Ulrich und Friedrich Kern hier neun Millionen Euro in einen stattlichen Kellerneubau mit Gutshof und Vinothek in ungewöhnlicher Optik investierte. Der wurde bald darauf mit einigen Architekturpreisen ausgezeichnet und ist heute ein wunderbarer Rahmen für die zahlreichen Veranstaltungen über das Jahr. »Hier bot sich die Gelegenheit, alles individuell auf unsere Bedürfnisse abzustimmen«, berichtet Friedrich Kern.

Der Chef hat namhafte Ausbilder in seiner Agenda stehen

Aktuell steht im Betrieb der Generationswechsel an. Mit Christoph Kern übernimmt die fünfte Generation das Ruder, um die Erfolgsgeschichte fortzuschreiben. Ihm ließ

Die Weine sind nicht unbedingt »kernig«, aber sie bieten oft Trinkfluss und Eleganz.

Das Betriebsgebäude mutet futuristisch an. Drumherum finden häufig Events statt.

man eine optimale Ausbildung angedeihen: Er praktizierte bei den Topgütern Karl Haidle, Bernhard Huber (Baden) und Bernhard Ellwanger, sah dem bekannten Weinlaboranten Horst Klingler in Waiblingen über die Schulter und sprang 2011 in seiner Praktikanten-Zeit in der Genossenschaft St. Michael in Südtirol ein, als der zweite Kellermeister im Herbst ausfiel. Neuseeland stand ebenfalls noch auf dem Programm, ebenso vier Semester Wirtschaftsstudium an der TU München und der Sabancı Üniversitesi Istanbul. Denn der wirtschaftliche Erfolg in der Zukunft muss ebenfalls gesichert sein. Neben einem weiteren Qualitätssprung plant er unter anderem eine Überarbeitung des Sortiments und eine neue Vertriebsstrategie. Dazu baut er derzeit ein Team auf, das seine Philosophie teilt: »Unsere Weine sollen das urbane Lebensgefühl der Region vermitteln. Die Weine, die wir erzeugen, müssen überzeugen, auch auf unseren Events. Begleitet wird das durch cleveres Marketing«, erklärt Christoph Kern (Jahrgang 1987). Die Weine für die neuen Linien werden ab dem Jahrgang 2022 von Moriz Just (ehemals VDP. Weingut Herzog v. Württemberg) verantwortet. Just kann sich dabei ganz auf den reichen Erfahrungsschatz von Ulrich und Ina Kern verlassen, die über 40 Jahre lang den Wein der Kerns geprägt und vorangebracht haben. Besonders reizvoll ist auch, dass er dabei aus dem Vollen schöpfen kann. Das Lagenportfolio der 172 Hektar großen Erzeugergemeinschaft umfasst renommierte Stuttgarter und Remstäler Lagen wie Zuckerle und Pulvermächer und die Kellerei ist eine der modernsten in Württemberg. Erst jüngst wechselte die Ortsgenossenschaft Stetten von der Remstalkellerei zum Familienbetrieb und brachte knapp 50 Hektar bester Rebflächen in den Betrieb ein. Die ersten Weine wurden mit der Edition »von Stetten« in den Markt eingeführt.

Christioph Kern mit dem Neuen im Weinkeller, Moritz Just (rechts), vormals Weingut Herzog von Württemberg.

Die umweltschonende Bewirtschaftung der Weinberge ist Standard in der Kellerei Kern.

Entscheidend für den Erfolg ist natürlich letztlich die Weinqualität, die durchgängig sehr achtbar ist und sich auf verschiedene Kollektionen verteilt. Eine gute Basis sind die Literweine, bei denen das Gründungsjahr 1903 groß auf dem Etikett prangt. Unter der Bezeichnung »Kesselliebe« werden Weine von Gemarkungen aus dem Stuttgarter Kessel offeriert (Tipp: ein richtig eleganter Samtrot). »Von Stetten« ist schon erwähnt, hier ist der Zweigelt besonders zu empfehlen. Streifen auf dem Etikett und Flaschenhals weisen auf unkomplizierte, herzhafte Weine wie den saftigen Trollinger hin. Eine blaue Kapsel steht für klassische Sorten wie den feinnervigen Sauvignon Blanc. Gold signalisiert, dass man auch bedeutende Weine wie Riesling und Chardonnay kann. Abgerundet wird das breite Sortiment mit Glühwein in Weiß und Rot sowie muntere Kreationen wie ein Bockbier vom Craftbeer-Spezialisten Kraftpaule, vergoren mit Riesling-Traubensaft aus dem Cannstatter Zuckerle. Es bleibt spannend, was das neue Team um Christoph Kern und Moriz Just noch auf die Beine stellen wird. ■

Holzfässer gibt es auch jede Menge, ebenso wie blitzende Stahltanks, die bereits aufnahmefähig für den nächsten Jahrgang sind.

WEINKELLEREI WILHELM KERN

Wilhelm-Maybach-Straße 25

71394 Kernen-Rommelshausen

Tel. 0 71 51 / 2 76 67 90

info@kern-weine.de

www.kern-wein.de

Gegründet: 1492

Inhaber : Christoph Kern

Kellermeister:
Moriz Just und Ulrich Kern

Rebfläche: 172 Hektar

Wichtigste Sorten:
Riesling, Weißburgunder, Grauburgunder, Chardonnay, Sauvignon Blanc, Trollinger, Lemberger, Zweigelt

Das gehört dazu:
Regelmäßige Veranstaltungen, immer wieder Sonderaktionen.

Mitgliedschaft: FAIR'N GREEN

Jochen Beurer, gestartet als »Garagenwinzer«, hat ein gutes Händchen für Riesling. Dabei »jongliert« er mit der Charakteristik des Bodens.

In der Ruhe liegt die Kraft

Es begann mit einem landwirtschaftlichen Gemischtbetrieb, der Trauben an die Remstalkellerei verkaufte. 1997 entschloss sich Jochen Beurer, damals gerade 24 Jahre jung, in die Selbstvermarktung einzusteigen. 15 000 Liter erntete er in seinem ersten Jahrgang, ausgebaut und eingelagert wurde der Wein provisorisch in einer Garage. Längst kann er einen blitzsauberen, nur etwas versteckt liegenden Betrieb vorweisen (Zufahrt in einer Seitenstraße). Das mit

Gattin Marion, einer gelernten Lehrerin, Geschaffene hat seine Basis in ausgezeichneten Qualitäten. Vor allem entwickelte sich Beurer zum Riesling-Spezialisten, spielt mit dieser Sorte in Württemberg ganz oben mit und kann auch national und international glänzen, wie hohe Bewertungen mit 95 Punkten bei James Suckling und Robert Parker in den letzten Jahren deutlich machten. Aktuell macht Riesling, ungewöhnlich für Württemberg, 65 Prozent der Rebfläche aus. Hier spielen eigene Selektionen eine wichtige Rolle. Ausgewählte Stöcke werden gezielt vermehrt und bereichern nach einigen Jahren das eigene Sortiment.

Das Weingut liegt etwas versteckt. Aber die Suche wird mit tollen Weinen belohnt.

Eine renommierte Winzerin aus dem Trentino gab den Weg vor

Gelernt hat Jochen Beurer bei Burg Ravensburg in Sulzfeld, dann beim Fürsten zu Hohenlohe in Öhringen. Auf der Weinsberger Weinbauschule avancierte er zum Weinbautechniker. Kurz vor der Selbständigkeit schnupperte er im Trentino bei Elisabetta Foradori rein, die in dieser norditalienischen Region für Furore gesorgt hatte und konsequent Bio-Weinbau betrieb. Das blieb bei Beurer im Hinterkopf. 2004 sattelte er auf Öko-Weinbau um, 2008 auf die nächste, noch etwas schwierigere Stufe Biodynamie, für die er seit 2012 offiziell zertifiziert ist. Spezielle Kompostpräparate, Gesteinsmehle, Backpulver, Tee und Pflanzenextrakte kommen in den begrünten Flächen zum Einsatz. Dass sich dieser schonende Umgang mit der Natur auf die Qualität positiv ausgewirkt hat, zeigte sich durch die 2013 erfolgte Aufnahme in den Nobelclub VDP. Schon einige Jahre zuvor wurde er Mitglied im Quintett der ambitionierten Gruppe »Junges Schwaben«.

Angestrebt – und erreicht – wird viel Mineralität bei den Weißweinen. Der Boden machts.

Eine Besonderheit, die zu seinem Verhältnis zur Natur passt, ist ein spezieller, 14 Ar umfassender Weingarten mit alten Trockenmauern unterhalb der Yburg mit über 21 zum Teil schon mehr oder weniger ausgestorbenen Rebsorten wie Heunisch, Räuschling und Affenthaler. »Rettet die Reben« wird der daraus gewonnene Wein betitelt. Sogar ein Buch über diesen Weingarten wurde bereits geschrieben.

Wichtig ist natürlich das Ergebnis: sehr elegant, geschmeidig, ausgewogen.

Der Riesling in unterschiedlichen Varianten bis hin zum vielschichtigen Großen Gewächs ist natürlich das Aushängeschild; ihn lässt er gern länger reifen. Es gibt auch eine kleine Raritäten-Liste mit Weinen, die schon einige Jahre Ruhe im Keller hinter sich haben.

Zu loben ist bei Weiß neben dem vielseitigen Riesling (Favorit der tiefgründige, unfiltrierte »Kieselsandstein«) der vielschichtige Sauvignon Blanc. Bei Rot ist er mit unkompliziertem Trollinger, komplexem Spätburgunder, saftigem Lemberger und der Cuvée »Secundus« (Lemberger, Zweigelt) sehr gut unterwegs. Etwas gewöhnungsbedürftig ist der »Nothing«, auch genannt »Riesling ohne alles« (nach der Gärung 30 Monate auf den Schalen gelagert, unfiltriert und ohne Schwefelzusatz gefüllt). Der Wein wirkt zunächst etwas abweisend, entwickelt sich aber durch Luftkontakt durchaus positiv.

Im Keller ist Beurer generell mehr als zurückhaltend. Alle Weine werden seit 2003 spontan vergoren. Es folgen lange Gär-, Entwicklungs- und Entfaltungszeiten mit relativ später Abfüllung. Die Rotweine werden alle in großen, alten Holzfässern ausgebaut. Das Motto des Familienmenschen kann man mit »In der Ruhe liegt die Kraft« überschreiben. Seine aktuelle Zielsetzung ist der Ausbau des Weingutes, um Perspektiven für die nächste Generation zu schaffen. Diese befindet sich derzeit in Ausbildung. Sohn Adrian hat die Weinbaulehre abgeschlossen (unter anderem bei Dr. Bürklin-Wolf) und 2021 begonnen Internationale Weinwirtschaft in Geisenheim zu studieren. Bevor er seinen weiteren Werdegang festlegt, möchte er noch Auslandserfahrungen sammeln. Aktuell ist er Mitglied bei den Stuttgarter Jungwinzern und hat selbstständig die Waiblinger Weinbar betrieben. Sein Bruder Nicolay studiert Maschinenbau und seine Schwester Smilla geht noch zur Schule. ■

Solche Hörner sind ein wichtiges Zubehör bei biodynamischem Weinbau.

Im Keller wagt sich Jochen Beurer experimentierlustig auch mal an spezielle Wein-Versionen.

Trotzdem der Natur hier viel freier Lauf gestattet ist, machen Beurers Weingärten einen sehr gepflegten Eindruck.

WEINGUT BEURER

Lange Straße 67
71394 Kernen-Stetten
Tel. 0 71 51 / 42 19 0
Fax 0 71 51 / 41 87 8
info@weingut-beurer.de
www.weingut-beurer.de

Gegründet: 1997

Inhaber: Jochen Beurer

Rebfläche: 14 Hektar

Wichtigste Sorten:
Riesling, Sauvignon Blanc, Zweigelt, Trollinger, Spätburgunder

Mitgliedschaft:
VDP, Demeter, Junge Schwaben, Stuttgarter Jungwinzer

Zuerst hat Jochen Eißele Landmaschinenmechaniker gelernt. Aber dann wurde aus ihm doch ein ambitionierter Wengerter.

Es begann mit einem Frevel

Die Zeiten waren noch recht rau in Württemberg, als Edgar Eißele (Jahrgang 1954) nach Absolvierung der Technikerschule in Weinsberg 1974 seinen ersten Jahrgang ausbaute. Vater Martin musste wegen dieses Frevels aus der Remstalkellerei austreten und seinen Posten im Vorstand räumen. Denn damals war es nicht zulässig, dass jemand in der Familie eines Genossenschaftsmitglieds als selbstständiger Winzer aktiv war. Aber man kam in der Eigenständigkeit mit seinerzeit vier Hektar recht gut voran. Heute kann Junior Jochen berichten, dass es im Weingärtner-Dasein der Familie schon harte Nackenschläge gab, aber man trotzdem ungebrochen positiv nach vorne schaute und schaut.

Der Junior (Jahrgang 1983) machte einen Umweg zum Winzer, lernte zuerst Landmaschinenmechaniker, avancierte aber dann im fränkischen Veitshöchheim zum Weinbautechniker. 2012 übernahm er die Verantwortung im Keller, vier Jahre später wurde er Miteigentümer des

Familienbetriebes. Hier stehen den beiden Männern drei Frauen zur Seite: Mutter Martina (1957) als »mobile Rentnerin«, Schwester Yvonne (1979), »Ideengeberin in Sachen Marktforschung« und Lebensgefährtin Sabrina (1983), die sich um das Kaufmännische und die Finanzen kümmert.

Die Vinifikation im Holz hat vor allem für Rotwein viel Bedeutung

Die letzten Jahre gab es ein gesundes Wachstum mit einer Flächensteigerung von 30 Prozent, verbunden mit einer Umstellung zu mehr Weißwein. In Zukunft wollen die Eißeles mehr mit Piwi-Sorten arbeiten; der Cabernet Blanc musste dabei für einen in einem Weinführer gelobten Orange-Wein mit langer Standzeit auf der Maische herhalten. Beim Rotwein stieg in den letzten Jahren der Anteil der im Holz ausgebauten Gewächse. Der Mix aus neuem und gebrauchtem Holz gelingt bei der roten »Passion«-Serie mit Zweigelt, Merlot und Spätburgunder sehr achtbar. Auch der weitgehende Verzicht auf Filtration behagt den Weinen offenbar. Auf klassisch-frische Stilistik wird bei den Weißweinen hingearbeitet. Besonders gelungen ist die Cuvée aus drei Piwi-Sorten, genannt »Simple Wine«. Auch mit der weißen Burgunderfamilie lässt sich Staat machen, vor allem, wenn man die maßvollen Preise mit einbezieht. ■

Kontrolliertes Wachstum wird gefördert durch eine spezielle Düngermischung.

WEINGUT EISSELE

Grundäcker 10
71394 Kernen im Remstal
Tel. 0 71 51 / 4 21 63
Fax 0 71 51 / 4 86 49
info@eissele-weingut.de
www.eissele-weingut.de

Gegründet: 1974
Inhaber: Edgar und Jochen Eißele
Rebfläche: 10 Hektar
Wichtigste Sorten: Riesling, Weiß- und Grauburgunder, Zweigelt, Lemberger, Spätburgunder
Das gehört dazu: Gutsauschank, regelmäßig am Wochenende Ausschank auf dem »Foodtrailer« im Weinberg

Weißburgunder gibt es auch. Aber bei den Haidles forciert man neuerdings neben Lemberger als Weißweinsorte vor allem Riesling mit Schliff.

Graffiti-Moritz und Marathon-Man

Er hat einige Talente, die man bei einem jungen schwäbischen Wengerter nicht unbedingt vermutet. Moritz Haidle, immer quirlig, fast immer fröhlich, hat Piercings und war in jungen Jahren ein durchaus talentierter und erfolgreicher Rapper. Gelegentlich hatte er auch spezielle künstlerische Ambitionen und ging mit einer Farbdose auf unbemalte Wände los. »Graffiti-Moritz« (Jahrgang 1987) wollte eigentlich in der Jugend alles andere als Winzer werden, obwohl sein Vater Hans mit gutem, erfolgreichem Beispiel voranging und den einstmals winzigen Betrieb (bei der Gründung gerade 0,5 Hektar) in die erste Reihe der Württemberger Erzeuger führte. Der Sohn machte einige Testversuche in anderen Sparten, die aber scheiterten, sodass er doch 2014 die Nachfolge des Seniors antrat.

Senior Hans ist sehr stolz auf die Auszeichnung »Roter Riese«

Dieser hatte das Weingut 1968 übernommen. Mit seiner Gattin Susanne hat sich der Mann vom Jahrgang 1944 die letzten Jahre etwas zurückgezogen. Er weiß, dass es mit Tochter Bärbel noch eine sehr aktive Frau gibt, die an der Verkaufsfront für Ordnung sorgt.

Hans praktizierte schon früh eine starke Ertragsreduzierung und selektive Ernte, als anderswo darüber noch die Köpfe geschüttelt wurden. Er investierte in eine moderne Kellerwirtschaft und leistete sich Barriques für den Ausbau der Rotweine. Sein notwendiger Ausgleich für die Tätigkeit im Weinbau war das Laufen, oft durch die Weinlandschaft. Manchmal durfte es sogar die Marathonstrecke mit gut 42 Kilometern sein!

Die Ausbildung bei namhaften Weingütern war für Moritz Haidle ein guter Wegweiser …

… aber der Vater mit seiner Ausdauer blieb für ihn doch ein großes Vorbild.

Es war hauptsächlich dem »Marathon-Man« zu verdanken, dass das Weingut beim Deutschen Rotweinpreis über einen langen Zeitraum zum großen Absahner wurde. Die Siege in unterschiedlichen Kategorien kann man fast nicht mehr zählen, auch weitere Plätze auf dem Treppchen waren fast normal, ebenso wie viele gute Platzierungen auf den Rängen. Kein Wunder, dass ihm vor einigen Jahren der Ehrenpreis »Roter Riese« für diese dauerhaft tolle Leistung überreicht wurde – wobei Hans Haidle über den Titel bei gerade 1,65 Meter Körpergröße schon etwas schmunzeln musste …

Der Sohn genoss, nachdem er sich doch für Weinbau entschieden hatte, eine hervorragende, prägende Ausbildung. Er lernte bei den renommierten Weingütern Seeger (Baden) und Künstler (Rheingau), studierte in Geisenheim und machte Praktika beim Franken Paul Fürst, dem Staatsweingut Weinsberg, einer Domaine in der Bourgogne sowie Betrieben in Kalifornien und Australien. Auch in ein Weinlabor schnupperte er hinein.

Im Keller ist Zurückhaltung angesagt. Der Riesling vergärt spontan in teilweise alten Holzfässern. Bei Rot hat das Weingut reichlich Erfahrung mit Barriques, denn Vater Hans wagte sich bereits 1987, als neues Holz in Deutschland noch überwiegend verpönt war, an den Ausbau in den kleinen Fässern. Die Kundschaft schätzt Weine wie die exzellente rote Cuvée aus Lemberger, Cabernet Franc und Cabernet Sauvignon, genannt »Ypsilon« (noch eine Wortschöpfung von Hans, »weil mir nichts Besseres einfiel«). Bei den Weißweinen wurde der Klassiker »Justinus K.« nun

Große Holzfässer mit geschnitzten Motiven sind selten geworden im Weinkeller.

Kein Musikinstrument, sondern ein Abfüllhahn, mit dem Moritz im Keller hantiert.

durch »Sämling 2530« Naturwein, einen sortenrein ausgebauten Kerner ersetzt.

Aber Moritz Haidle hat sich in den letzten Jahren verstärkt auf zwei Varietäten konzentriert, nämlich Riesling (Anteil bereits rund 50 Prozent) und Lemberger. Einige Flächen wurden dafür umstrukturiert. Die Forcierung von Riesling hat sich durch Erfolge bei Wettbewerben und einen Zuwachs von Kunden in Skandinavien gelohnt. Beim Lemberger kann das Weingut eine Reihe von bedeutenden Großen Gewächsen vorweisen. Was Moritz besonders freut, waren zuletzt Top-Bewertungen beim Deutschen Rotweinpreis für mehrere Lemberger in der Kategorie »Best of Bio«, denn vor einigen Jahren wurde die Umstellung auf biodynamischen Ausbau vollzogen. ■

Fachwerk außen am Haidle-Weingut, fachliche Kompetenz im Keller hinter den Mauern.

WEINGUT KARL HAIDLE

Hindenburgstraße 21
71394 Kernen-Stetten
Tel. 0 71 51 / 94 91 10
Fax 0 71 51 / 4 63 13
info@weingut-karl-haidle.de
www.weingut-karl-haidle.de

Gegründet: 1949

Inhaber: Moritz Haidle

Rebfläche: 23 Hektar

Wichtigste Sorten:
Riesling, Lemberger, Spätburgunder

Mitgliedschaft:
VDP, Demeter

Klein, aber fein: der Betrieb, der 1952 von Walter Haidle gegründet wurde. Jetzt ist die zweite und dritte Generation am Ruder.

Kleines Gut mit Flair

Vor 70 Jahren machte sich Walter Haidle, der Vater des heutigen Betriebsinhabers, mutig auf in die damals im Remstäler Weinbau seltene, fast schon verrufene Selbstständigkeit. Aber er wollte aus seinen eigenen Weinbergen, die er handwerklich und qualitätsorientiert bewirtschaftete, durch schonende Verarbeitung auch eigenen Wein machen. Weil er außerdem als Rebveredler tätig war und damit ein zweites Standbein hatte, funktionierte das gut. 1994, zwei Jahre, nachdem Junior Wolfgang (Jahrgang 1960) mit seiner Frau Susanne in den Betrieb eingestiegen war, konzentrierte man sich nur mehr auf Weinbau und prägte den Slogan »Kleines Weingut mit Flair«. Wolfgang brachte als Techniker für Weinbau und Kellerwirtschaft (Weinsberg) und nach Ausbildungsstationen unter anderem bei Wöhrwag in Stuttgart und Schales (Flörsheim-Dalsheim in Rheinhessen) das nötige Fachwissen mit.

Inzwischen ist auch Junior Philipp (1992), Absolvent der Weinuni Geisenheim, im Betrieb angekommen und bringt sein Fachwissen beim An- und Ausbau mit ein. Zielsetzung ist es dabei, die ohnehin schon gute Qualität der Weine noch weiter zu steigern. Ein wichtiger Faktor ist hier die weitgehend umweltschonende Bewirtschaftung der Reben. »Man darf sie nicht nur als Pflanzen sehen. Es sind für uns Ziehkinder, die Aufmerksamkeit, Verständnis und Fürsorge benötigen«, meint dazu der Junior.

Im Keller und in den Reben wird nicht auf der Stelle getreten

Beim Ausbau der Weine ist viel Schonung angesagt. Bei Weiß und den Roséweinen sollen Frucht und Eleganz im Vordergrund stehen. Ausgebaut wird hier überwiegend im Edelstahl. Viel umgestellt wurde in den letzten Jahren bei den Rotweinen. Die Erträge wurden nochmals reduziert. Geerntet wird ausschließlich per Hand. Die Trauben werden in kleinen Bütten gesammelt. Maischegärung ist seit Jahren Standard. Ausgebaut wird ausschließlich in französischer Eiche. Die Jungweine liegen einige Monate auf der Feinhefe, ehe sie anschließend je nach Qualitätsziel 18 bis 36 Monate im Holz reifen. Auf eine Filtration wird verzichtet. Reüssieren kann man vor allem mit dem druckvollen Riesling »Tradition« (mit einem Etikett aus den Fünfzigerjahren), dem würzigen, herzhaften Chardonnay Réserve (er verträgt einige Jahre Reife gut) sowie bei Rot mit dem Merlot Réserve und dem nach Brombeeren und Kräutern duftenden Lemberger. ■

Vater Wolfgang und Sohn Philipp sind ein gutes Gespann mit viel Reben-Fingerspitzengefühl.

WEINGUT W. HAIDLE

Weinstraße 21
71394 Kernen-Stetten
Tel. 0 71 51 / 4 49 38
Fax 0 71 51 / 4 40 88
info@haidlewein.de
www.haidlewein.de

Gegründet: 1952
Inhaber: Wolfgang Haidle
Rebfläche: 5 Hektar

Wichtigste Sorten:
Riesling, Weißburgunder, Lemberger, Zweigelt, Cabernet Sauvignon

Zielsetzung im Weingut Medinger sind Weine mit Struktur. Aber auch sympathische Ecken und Kanten dürfen es sein.

Schritt für Schritt noch besser werden

Als 1764 die erste Betätigung mit Weinbau in der Familie urkundlich registriert wurde, regierte in Württemberg der »ewige Herzog« Karl Eugen (1737–1793), der für seine prunkvolle Hofhaltung und seine zahllosen Affären bekannt war, sich aber im Alter zunehmend um die Landwirtschaft kümmerte und damit vielleicht die Vorfahren der heutigen Chefin Barbara Medinger-Schmid (Jahrgang 1964) inspirierte, sich dem Rebbau zuzuwenden. Auf zunächst drei Hektar Rebfläche wagte sie 1988 mit der Unterstützung ihrer Eltern den Schritt in die Selbstständigkeit. 1991 heiratete sie ihren heutigen Gatten Markus Schmid (1962), der seinen Beruf aufgab und mit ins Weingut einstieg.

Von Anfang an war die Zielsetzung »Weine mit Struktur, Kraft aber auch Ecken und Kanten« zu erzeugen. Die Voraussetzung dazu waren gute Lagen wie die für die Hauptsorte Riesling (25 Prozent Flächenanteil) idealen Pulvermächer und Häder sowie viel Handarbeit in den Reben, in Verbindung mit organischer Düngung und dem Verzicht auf Insektizide und Herbizide. Chefin Barbara, die im Heilbronner Weingut Kistenmacher-Hengerer ausgebildet wurde und in Weinsberg zur Weinbautechnikerin avancierte, legt viel Wert auf gesundes, reifes Traubenmaterial, für das neben ihrem Mann auch Junior Christian (1991) zuständig ist. Christian hat 2017 seinen Abschluss als

Weinbaumeister in Weinsberg gemacht und engagiert sich nicht nur im Außenbetrieb, sondern auch im Keller. Unterstützt wird die Familie seit 2022 von Friedrich Schmid, der 2021 sein Bachelorstudium in Internationalem Weinmanagement an der Hochschule Heilbronn abgeschlossen hat und nun im Bereich Vermarktung und Vertrieb tätig ist.

Ein sehr gutes Preis-Wert-Verhältnis ist so etwas wie ein Markenzeichen

Die Weißweine werden teilweise spontan vergoren und überwiegend im Edelstahl ausgebaut. Bei den Rotweinen wird die offene Maischegärung praktiziert, etwa die Hälfte kann in größeren Holzfässern oder in Barriques reifen. »Wir wollen Schritt für Schritt immer noch besser werden«, erklärt die Chefin. »Aber ganz wichtig wird eine gute Basisqualität bleiben. Wachstum ist nicht unbedingt angesagt.« Wohl auch nicht bei den Preisen, die überwiegend maßvoll sind. Lediglich bei den Rotweinen aus den Barriques wird es zweistellig.

Besondere Stärken des Weingutes sind der diskret aromatische, komplexe Sauvignon Blanc (auch die Lieblingssorte von Barbara), der elegante, zart vom Holz geküsste Chardonnay und bei Rot der Cabernet Cubin (würzig, straff, angenehm gradlinig) und der Lemberger »M« der klassisch nach Brombeere duftet und sich im Geschmack saftig und würzig präsentiert. ■

Junior Christian Schmid hat mittlerweile fast die ganze Kellerarbeit übernommen und hilft auch in den Reben mit.

WEINGUT MEDINGER

Brühlstraße 6
71394 Kernen-Stetten
Tel. 0 71 51 / 4 45 13
Fax 0 71 51 / 4 17 37
info@weingut-medinger.de
www.weingut-medinger.de

Gegründet: 1988

Inhaber:
Barbara Medinger-Schmid, Markus Schmid und Christian Schmid

Rebfläche: 5,8 Hektar

Wichtigste Sorten: Riesling, Sauvignon Blanc, Chardonnay, Lemberger, Trollinger, Spätburgunder, Cabernet Cubin, Muskat-Trollinger

Das gehört dazu:
Zwei Ferienwohnungen für jeweils sechs Personen

Ein Weingut, zwei Ortschaften: Die Architektur der Vinothek in Korb wurde vom Ortsnamen inspiriert.

Gut vorbereitet in die Fusion

Aus zwei mach eins. Das war die Lösung, als eine Juniorin und ein Junior aus jeweils alteingesessenen Wengerter-Familien den Bund der Ehe schlossen. So wurde aus dem Weingut H. Bader in Kernen-Stetten und dem Weingut Singer in Korb ein Betrieb mit einem Doppelnamen und zwei Anlaufstellen – wobei Korb die praktischere Adresse ist. Denn hier haben Barbara und Julian Singer schon vor der offiziellen Zusammenlegung der beiden Weingüter eine schmucke Vinothek eingerichtet, die 2016 mit dem Wein-Tourismus-Preis Baden-Württemberg ausgezeichnet wurde.

Die Fusion hat auch zwei Familien vereint. Die Senioren aus den Häusern Bader und Singer sind noch aktiv und unterstützen die Jugend, die nicht unvorbereitet die Aufgabe übernahm, einen neuen Betrieb zu formen. Julian Singer (Jahrgang 1982) ging bei renommierten Betrieben in die Lehre (Bernhard Ellwanger, Aldinger), studierte in Geisenheim, sammelte Erfahrungen in Südafrika und erwarb sich betriebswirtschaftliche Kenntnisse als Projektleiter in einem mittelständischen Unternehmen. Barbara Singer ist ebenfalls Geisenheim-Absolventin, machte Praktika in Neuseeland (Schubert Wines), Österreich (Feiler-Artinger) und Bordeaux (Graf Neipperg in St. Emilion) und sammelte praktische Verkaufserfahrungen in einer Genossenschaft im Stuttgarter Raum.

Stimmige Varianten von roten Sorten bereichern das Angebot

Für die Weine zeichnen die beiden gemeinsam verantwortlich. Bei den Weißweinen ist nur kurze Maischestandzeit, aber ein langes Lager auf der Feinhefe angesagt (Ausnahme: ein etwas gerbiger Orange-Wein vom Weißburgunder). Bei den Rotweinen setzt man mehr auf das große Holzfass und nicht unbedingt auf Barriques. Hervorgehoben wird bei Rot die für ambitionierte Bio-Betriebe besonders interessante Schweizer Piwi-Sorte Cabertin, die relativ früh reift und kraftvolle, tanninbetonte Weine liefert. Zwei Rosé avancierten zu Rennern im Verkauf: der herzhafte, diskret fruchtige »Arctic« vom Trollinger und der kraftvollere, stimmige »Sommerhauch« von der Heroldrebe und Merlot. Die Lieblingsweine von Chef und Chefin sind der saftige Syrah (Julian) und der von über 50 Jahre alten Reben geerntete, knackig-saftige Riesling aus dem Stettener Pulvermächer (Barbara). Begeistert sind beide vom Trollinger Eiswein 2016, einer einmaligen Rarität. Bedingt durch den Klimawandel wird die alteingesessene Sorte im heißen Korb zunehmend von Cabernet und Co. ersetzt.

Zielsetzung allgemein: Klare, fruchtige, animierende Weine erzeugen. ■

Glücklich über die Entwicklung: Barbara und Julian strahlen um die Wette.

WEINGUT SINGER-BADER

Albert-Moser-Straße 100
71394 Kernen-Stetten
Tel. 0 71 51 / 4 28 28
info@singer-bader.de
www.singer-bader.de

Vinothek WEINKORB
Rosenstraße 1, 71404 Korb

Gegründet: 2018

Inhaber: Julian Singer

Kellermeister: Barbara und Julian Singer

Rebfläche: 10 Hektar

Wichtigste Sorten: Riesling, Weißburgunder, Sauvignon Blanc, Grauburgunder, Merlot, Cabertin, Lemberger, Spätburgunder, Cabernet Franc, Cabernet Sauvignon

Das gehört dazu: Sektproduktion auf hohem Niveau

Mitgliedschaft: Bioland

Mutter Marlene Häußermann freut sich, gemeinsam mit Junior Tom den aktuellen Jahrgang zu verkosten.

»Nie langweilig, immer ehrlich«

»Unsere Weine sind wie wir, mit Ecken und Kanten, nie langweilig, immer ehrlich«, so beschreiben Albert Häußermann (Jahrgang 1963) und seine mit ihm schon über 30 Jahre verheiratete Gattin Marlene (1963) ihr Sortiment. Man kann diese Einschätzung gut nachvollziehen, wenn man sich durch das Sortiment verkostet und feststellt, dass die Suche nach Schwachstellen vergeblich ist. Besondere Lieblinge sind der gut gereifte Lemberger Réserve, die Cuvée Grau-Weiß, der Spätburgunder und auch der gradlinige Trollinger.

Es sind alles Weine aus biodynamischem Anbau. Zu dieser Arbeitsweise entschloss man sich im Jahr 2010. Das hat in den letzten Jahren zu einer leichten Umstrukturierung bei den Sorten geführt, durch Hinzunahme der sogenannten Piwis (pilzwiderstandsfähige Reben). Weitere Anpflanzungen sind geplant. Gestartet wurde mit dem Weingut 1996, nachdem der ausgebildete Winzermeister Albert ein Jahr vorher den landwirtschaftlichen Betrieb der Eltern übernommen hatte und man sich entschloss, dem Wein den Vorzug zu geben. Das kommt seinem Naturell entgegen. »Ihn findet man das ganze Jahr entweder im Weinberg oder im Keller«, lacht Marlene.

Weinverkostungen werden mit Kulinarik geschmackvoll kombiniert

Zu den guten Qualitäten trägt eine strenge Ertragsdisziplin bei. Geerntet wird per Hand. Spontangärung ist Standard im Betrieb. Die Weißweine werden größtenteils im Edelstahl ausgebaut, bei den Rotweinen kommen Barriques (neu und gebraucht) zum Einsatz. Der Faktor Zeit spielt eine wichtige Rolle bei der Reifung.

Abschalten darf zwischendurch auch mal sein. Albert ist am Wochenende viel mit dem Fahrrad unterwegs. Marlene hat ein etwas ungewöhnliches Hobby, nämlich das Bogenschießen, und kümmert sich um den Familienhund Emma. Und da bei den Weinverkostungen im Haus oder unter freiem Himmel Hunger aufkommen kann, probiert sie Rezepte für die kulinarische Begleitmusik aus.

Die Zukunft ist auch gesichert: Tochter Simone ist eine wichtige Stütze bei Veranstaltungen und Sohn Tom, der im Weingut Jürgen Ellwanger ausgebildet wurde, sammelt zurzeit in verschiedenen Weingütern weiteres Fachwissen. ■

Die Rotweine bekommen in neuen und gebrauchten Barriques Format.

BIO-WEINGUT HÄUSSERMANN

Seestraße 6
71336 Waiblingen
Tel. 0 71 51 / 8 34 83
Fax 0 71 51 / 27 25 41
mail@bioweingut-haeussermann.de
www.bioweingut-haeussermann.de

Gegründet: 1996
Inhaber: Albert Häußermann
Rebfläche: 30 Hektar
Wichtigste Sorten:
Trollinger, Riesling, Spätburgunder, Merlot, Lemberger, Sauvignon Blanc, Cabernet Blanc, Sauvignac
Das gehört dazu:
Verkauf von Obst, Wein-Picknick-Termine im Sommer, Präsenz auf dem Stuttgarter Wochenmarkt
Mitgliedschaft: Demeter, Ecovin

Die Weine von Jens Zimmerle, Winzer des Jahres in Württemberg (ausgezeichnet vom Vinum Weinguide 2022) sind nachhaltig und aus ökologischem Anbau, sie zeigen Persönlichkeit und Leidenschaft.

Vom DJ und flotter Musik zum Erfolgswinzer

Es ist schon fast verwunderlich, dass es Jens Zimmerle immer noch gelingt, serienweise hervorragende Weine zu erzeugen. Denn nebenbei war er schon länger damit beschäftigt, ein neues, weiträumiges, repräsentatives Weingut etwas außerhalb von Korb vor der Kulisse des Kleinheppacher Kopfs mit Gutsausschank, Vinothek und Schatzkammer voranzubringen. Im Spätsommer 2022 wurde umgesiedelt. »Dann beginnt ein neuer Abschnitt in unserer Geschichte«, strahlt er freudig.

Begonnen hat alles genau genommen mit einer Zimmerle-Erwähnung in Südtirol anno 1647. Dann machte erst wieder Friedrich Zimmerle auf sich aufmerksam, als er 1979 aus der Remstäler Genossenschaft ausstieg und seine eigenen Weine über eine Besenwirtschaft verkaufte.

Eine Weile musste er später damit leben, dass Junior Jens (Jahrgang 1980) keine Ambitionen zeigte, in den Betrieb einzusteigen. Lieber sorgte er als DJ in diversen Clubs für flotte Musik. Aber irgendwann arrangierte er sich doch mit dem Vater, ging bei den Topwinzern Aldinger und Jürgen Ellwanger in die Lehre, machte noch ein Praktikum bei Stephan Graf Neipperg in Bordeaux und wurde zudem von seiner Frau Yvette darin bestärkt, als Winzer durchzustarten. Gemeinsam mit dem Vater (der sich um die Weinberge kümmert) wurde umgestellt auf biologischen Weinbau (zertifiziert seit 2012). Die offizielle Verantwortung wurde Jens Zimmerle 2014 übertragen.

Großartige Weine lassen Aufsteiger-Ambitionen erkennen

Erfolge stellten sich schnell ein. Die diversen Weinführer entdeckten ihn. Beim Deutschen Rotweinpreis gab es mehrfach Top-Platzierungen. In 2021 schafften es elf Weine ins Finale. Herausragend waren dabei seine Cuvées AGE und Triologie. Auch mit Spätburgunder, Merlot und Zweigelt kann er bei Rot reüssieren. Bei Weiß sind Chardonnay, Grauburgunder, Sauvignon Blanc und vor allem der Viogner seine Aushängeschilder. Sensationell war der 2020er Eiswein vom Riesling, benannt nach Tochter Greta. Die besten Weine tragen die Bezeichnung »Goldadler«. Ein Adler ist auch das Wappen des Weingutes. Ein wichtiger Beitrag zum sehr guten Niveau ist neben der Einschätzung »Qualität entsteht im Weinberg« die gründliche Sortierung der Trauben nach der Ernte, bevor sie weiterverarbeitet werden. ■

Schon mit 12 Jahren malt und designt Greta die Etiketten für »ihren« Eiswein.

WEINGUT ZIMMERLE

Belzer 100
71334 Waiblingen- Beinstein
Tel. 0 71 51 / 3 38 93
Fax 0 71 51 / 3 74 22
Mobil 0170 / 554 43 48
info@zimmerle-weingut.de
www.zimmerle-weingut.de

Gegründet: 1979

Inhaber: Jens Zimmerle

Rebfläche: 17 Hektar

Wichtigste Sorten:
Riesling, Weiß- und Grauburgunder, Sauvignon Blanc, Viognier, Trollinger, Lemberger, Merlot, Spätburgunder, Zweigelt

Das gehört dazu:
Schaubrennerei im neuen Weingut

Austrieb zum rechten Zeitpunkt – da kommt ein ambitionierter Winzer wie Christian Escher ins Strahlen. Die Vorzeichen stehen gut für einen Top-Jahrgang.

Tee für vitale Reben

Die Betriebsgründer Otto und Meta Escher legten vor etlichen Jahren mit 900 Rebstöcken auf den Fluren von Korb den Grundstock für ein heute stattliches, angesehenes Weingut im weinberglosen Schwaikheim. Die Fläche konnte schnell erweitert werden. Ein Gutsausschank zog Genießer an. Richtig durchgestartet wurde ab 1990. Nicht, weil das das Geburtsjahr des heutigen Chefs Christian Escher war, sondern weil durch die Gründung einer

Brennerei der Kundenkreis vergrößert werden konnte. Denn man bot Produkte von eigenen Streuobstwiesen und sorgfältig gebrannten Trester an. Bereichert wurde das Sortiment 2013, als Markus, der Bruder von Christian (zuständig für die hochgeistige Abteilung des Weingutes) im Weinberg intensive Düfte der in den Rebzeilen wachsenden Begrünung registrierte und die Idee hatte, sie als Grundstoff für einen Gin zu verwenden, der als „Wild Gin" ebenso ein Hit wurde wie einst der Song »Wild Thing« der englischen Band The Troggs.

In der Familie wird heute eine gesunde Arbeitsteilung praktiziert. Senior Ottmar (Jahrgang 1958), der einst von Otto übernahm, »ist unser Multi-Tasking-Man, der sowohl im Weinberg wie in der Kundenpflege aktiv ist«, lobt Junior Christian. Seine Gattin Sarah, eigentlich im Autohandel tätig, steuert die Social-Media-Aktivitäten des Gutes und sorgt für die Fotos im Netz und in Werbemitteln. Dass der inzwischen 32-Jährige einmal in den Betrieb einsteigen

Für bedeutende Weine muss es bei einer Verkostung auch ein passendes Weinglas mit Volumen sein.

Der Besen des Weinguts Escher ist nicht nur bei vielen Weinfreunden aus dem Remstal beliebt.

würde, wurde schon in seiner Kindheit vorprogrammiert, als er im zarten Alter von neun Jahren mit Opas Unterstützung rund 400 Lemberger-Stöcke pflanzen durfte. »Seitdem ist das eine meiner Lieblingssorten.«

Gute Lehrherren und internationale Praktika prägten den Winzer

Die wichtige fachliche Basis kam später durch sehr gute Lehrstationen hinzu, mit zwei Jahren Aldinger und einem Jahr im Staatsweingut Weinsberg. Anschließend machte er internationale Wein-Erfahrungen durch eine Tätigkeit in der renommierten Weinhandlung Bronner sowie Praktika in Südtirol (Weingut Hofstätter), Südafrika und Kanada. Danach ging es nochmal ab nach Weinsberg zur Ausbildung zum Weinbautechniker. Die intensive internationale

Fortbildung trug sehr dazu bei, dass er beim Wettbewerb »Jungwinzer des Jahres 2014/2015« der DLG den zweiten Platz belegte und damit den Familienbetrieb national noch bekannter machte.

Was den jungen Mann antreibt, beschreibt er so: »Die Liebe am Wein und das Arbeiten in und mit der Natur.« Er hat den Willen, immer noch besser zu werden. »Sonst hat man aufgehört, gut zu sein.« Diese Einstellung wird in diversen Führern mit guten Bewertungen honoriert. Im Weinberg wird sehr umweltschonend gearbeitet. Die Reben haben sich sogar zu Tee-Liebhabern entwickelt. Zu ihrer Vitalität tragen Säfte wie Schachtelhalmtee und Brennnesseltee bei. Im Herbst wird selektive Handlese betrieben, um die optimale Reife jeder Sorte zu erzielen. Langes Feinhefelager ist Standard. Die Weißweine reifen im Edelstahl, die Goldréserve-Weine als Toplinie in Tonneaux (500 Liter). Bei Rot praktiziert er Saftabzug für Rosé, die traditionelle Maischegärung kann bis zu sechs Wochen dauern. Anschließend spielt Holz in verschiedenen Größenordnungen eine Rolle. Cabernet Franc und Zweigelt von alten Reben sind Christian Eschers persönliche Lieblinge. Stattliche, komplexe Rote sind auch die »Wunderwerk«-Cuvée und das »Meisterwerk«-Goldreserve. Beim Deutschen Rotweinpreis 2021 war er mit fünf Weinen im Finale dabei.

Ein Beton-Ei bereichert die Möglichkeiten des Ausbaus. Eine intensivere Wein-Reifung ist dabei möglich.

Erwischt! Eine Weinbergschnecke nimmt auf einem Stein in den Reben eine Auszeit.

Bei Weiß überzeugt er vor allem mit Riesling (druckvoller Bergkeuper Alte Reben, Pulvermächer Goldréserve mit animierender Mineralik) und mit ungemein saftigem Grauburgunder Goldréserve. Nicht zu vergessen der Muskateller Sekt brut, der elegant auf der Zunge tanzt. Im Testlauf befinden sich Piwi-Sorten, die künftig vermehrt angebaut werden sollen. Eine gute Orientierung ist die dreistufige Klassifizierung mit »Heimat« für die Basislinie, »Bergkeuper« für die gehobenen Qualitäten und »Goldlage« für die Spitze. ■

Das Arbeiten in und mit der Natur ist für den ambitionierten Christian Escher eine regelrechte Leidenschaft, die ihn antreibt.

WEINGUT ESCHER

Seestraße 4
71409 Schwaikheim
Tel. 0 71 95 / 5 72 56
Fax 0 71 95 / 13 73 19
info@wein-escher.de
www.wein-escher.de

Gegründet: 1969

Inhaber: Christian Escher

Rebfläche: 14 Hektar

Wichtigste Sorten:
Trollinger, Lemberger, Zweigelt, Spätburgunder, Riesling, Weißburgunder, Grauburgunder, Chardonnay

Das gehört dazu:
Brennerei, Besen (Sommer und Herbst geöffnet) und zugleich Event Location

Dieses Weingut trug dazu bei, dass Schwaikheim ohne Rebfläche zur vielbeachteten Weinbau-Gemeinde wurde.

Wo Tradition neu definiert wird

922 Hektar kann die 9500 Einwohner Gemeinde Schwaikheim als Grundfläche vorweisen. Auf Landwirtschaft entfallen dabei knapp zwei Drittel, auf Wein kein einziger Hektar. Trotzdem sind hier zwei inzwischen namhafte Weingüter zu Hause. Nach dem Weingut Escher als Pionier entschlossen sich 1986 Lothar Maier und seine Gattin Rose zur Selbstständigkeit. Die Idee, im Jahr darauf einen Besen zu eröffnen, hatte durchschlagenden Erfolg und

bescherte neue Kunden, die sich auch für die Küche von Rose und die legendären Witz-Serien von Lothar begeistern konnten.

Aber richtig bekannt wurde der Schwaikheimer Betrieb erst 2015, als Junior Michael Maier (Jahrgang 1986) beim Jungwinzer-Wettbewerb der DLG den ersten Platz belegte, eine begehrte Auszeichnung, die Rückenwind gab. Für Michael war es eine Bestätigung. Denn bereits 2013 war er »Jungwinzer des Jahres« in Württemberg. Zwei Jahre zuvor hatte ihm der Vater die volle Verantwortung für die Vinifikation übergeben.

Dafür hatte er eine gute Ausbildung genossen, zunächst bei den Weingütern Birkert und Schnaitmann in Württemberg. Dann studierte er auf der Wein-Uni Geisenheim und machte dazu ein Praktikum im arrivierten Weingut Juris in Gols im österreichischen Burgenland. Seine Arbeit im Keller beschreibt er so: »Tradition wird neu definiert.« Dazu

Bei der Spatenprobe wird die Beschaffenheit des Bodens analysiert – ein wichtiger Faktor für die Qualität der Reben.

Michael Maier wurde 2015 »Jungwinzer des Jahres« beim Wettbewerb DLG – ein Urknall.

gehört schon die umweltschonende Bewirtschaftung der Weinberge, die Umstellung auf Bio wurde 2021 trotz schwieriger Bedingungen gestartet. Im Keller bleiben die Weine weitgehend sich selbst überlassen. Die Rotweine werden allesamt auf der Maische vergoren, die Topqualitäten in Barriques oder Tonneaux (500 Liter) ausgebaut. Die Weiß- und Roséweine werden erst kurz vor der Abfüllung von der Hefe getrennt.

Selektions- und Lagenweine sind die Spitze des Sortiments

Michael Maier unterscheidet vierstufig zwischen gradlinigen Literweinen, den mehr als korrekten Gutsweinen (sehr gutes Preis-Wert-Verhältnis), zu denen auch der herzerfrischende Trollinger gehört. Darüber rangieren die Selektionsweine aus Top-Weinbergen. Die Rotweine (Spätburgunder, Zweigelt und die Cuvée »Elegantis«) reifen hier in gebrauchten Barriques, die Weißweine liegen in Stahltanks. Mit Sauvignon Blanc und vor allem mit dem komplexen, saftigen Riesling trumpft man auf.

Die Lagenweine »vom Stein« bezeichnet Maier selbst als »Krönung unserer Kollektion«. Die Bezeichnung ist dabei keine Einzellage, sondern ein Hinweis auf die Zusammensetzung der Böden in Fluren, den überregional unbekannten Hanweiler Berg, Breuningsweiler Haselstein und Steinreinacher Hörnle. Eine strenge Auswahl der Trauben und eine Erntemenge von maximal 45 Hektoliter/Hektar sind Basis für Topqualität. Mit seinen Rotweinen war er schon mehrfach beim Finale des Deutschen Rotweinpreises vertreten. Besonders bemerkenswert ist dabei der Spätburgunder. Aushängeschild ist hier die geschmeidige, schmelzige »Réserve«. Mit Weiß kann er ebenfalls reüssieren. Die Fläche für zwei Sorten wurde ausgeweitet: Neben dem Grauburgunder ist eine besondere Stärke der Silvaner, der ansonsten in Württemberg kaum mehr angebaut wird. Aber Maier versteht es, sein Potenzial so zu wecken, dass selbst fränkische Topwinzer den Hut ziehen müssen. Sogar an einen Orange-Wein hat er sich bereits gewagt, mit durchaus achtbarem Ergebnis.

Und weil die Maiers fröhliche, tatkräftige Menschen sind und ebensolche Freunde und Freundinnen haben, ziehen sie inzwischen im Team ein Bio-Kartoffelprojekt durch, ergänzt durch diverse Getreidesorten. Das Ergebnis ist in einem bunten, munteren Heft nachzulesen. ■

Ein Kunstvolles »M«, gewissermaßen das Markenzeichen des Aufsteiger-Weingutes.

Michael Maier freut sich über die Entwicklung seiner Reben.

Der Ausbau im Holz ist eine Grundlage vor allem für hervorragende Rotweine.

WEINGUT MAIER

Zehnmorgenweg 2
71409 Schwaikheim
Tel. 0 71 95 / 55 65
Fax 0 71 95 / 13 95 08
info@maier-weingut.de
www.maier-weingut.de

Gegründet: 1986

Inhaber:
Lothar, Rose und Michael Maier

Rebfläche: 16 Hektar

Wichtigste Sorten:
Trollinger, Riesling, Lemberger, Spätburgunder, Weißburgunder, Silvaner

Das gehört dazu:
Winterbesen von Ende Dezember bis Ende Februar

Aaron Schwegler ist derzeit noch ein Meister der Improvisation. Aber bald soll ein Umzug auf die grüne Wiese in Nachbarschaft von Korb fällig werden.

Beweis erbracht: »Des gohd doch«

Etliche Jahre lang wurde der 1990 gegründete Betrieb von Albrecht Schwegler (Jahrgang 1958) als »Garagen- oder Boutique-Weingut« bezeichnet. In dieser Zeit gab es nur geringe, aber begehrte Weinmengen. Der rote Erstling, die Cuvée »Granat«, die beim Deutschen Rotweinpreis wie eine Granate einschlug, stammte von lediglich 0,66 Hektar und kostete selbstbewusste 44 D-Mark. Etliche Winzer kommentierten das mit »Des gohd ned« und meinten,

20 D-Mark sei das Höchste der Gefühle. Aber Schwegler konnte gut damit umgehen, weil er nicht unbedingt auf die Erträge aus dem Weinbau angewiesen war. Denn er hatte damals schon ein zweites Standbein als Chef von Korb Lineartechnik in Waiblingen und befasste sich hier mit Kugelgewinden und Wälzlager. Von dieser trockenen technischen Materie konnte ihn in den Neunzigerjahren der Wein ablenken ...

Senior Albrecht Schwegler erzeugte mit dem »Granat« einen echten Kultwein

Gut ausgebildet dafür war er. Gelernt hatte er im Schlossgut Hohenbeilstein, wo er in diesem Bio-Vorzeigebetrieb schon einiges für die spätere Bewirtschaftung seiner eigenen Fluren mitnehmen konnte (Kunstdünger und konventionelle Pflanzenschutzmittel kamen nie zum Einsatz). Dann drückte er die Schulbank in Weinsberg für die Technikerausbildung, war ein halbes Jahr in Südafrika in der damals riesigen Kellerei KWV, anschließend in Neuseeland. Es folgten acht Jahre als Kellermeister in der Remstalkellerei, ehe er selbst mit Weinbau begann.

Auch in der kalten Jahreszeit ist der ambitionierte Winzer gern und oft in den Reben.

Ehefrau Julia ist zwar keine gelernte Winzerin, aber längst zur Fachfrau in Sachen Wein gereift.

Mit langsamem Wachstum wurde das Weingut vielseitiger. Zum Kultwein »Granat« (Hauptsorten: Zweigelt, Cabernet Franc), der zu 100 Prozent in neuem Holz reift, gesellt sich in Spitzenjahren als »Überdrüber« der mächtige rote »Solitär«. Es ist ein reiner Zweigelt – und der Beweis, dass sich aus dieser Sorte ein international bedeutender Wein erzeugen lässt. Die letzte Version aus dem Jahrgang 2011 ist ein hocheleganter, zeitloser Roter mit sanftem Druck. Der Zweitwein heißt »Saphir«, ist ebenfalls von exzellenter Qualität und wird je nach Jahrgang zu 60 bis 100 Prozent in neuem Holz ausgebaut. Mit dem Jahrgang 2017 lag er beim Deutschen Rotweinpreis 2021 auf Platz 1 und ließ dabei im Finale den »Granat« hinter sich, der noch etwas verschlossen war. Aber bei einer Vertikalprobe im

Sommer 2019 zeigte sich, dass selbst der Erstling aus 1990 noch extrem frisch ins Glas floss und die Zunge zum Vibrieren brachte.

Das Weinangebot ist längst nicht mehr nur auf Spitzen-Rotweine konzentriert. Gewissermaßen Drittwein ist der rote, schon sehr achtbare »Beryll«. Ein Rosé und ein herzhafter Riesling sowie ein sanft prickelnder Pet Nat ergänzen die Alltags-Kollektion.

Schon seit über zehn Jahren hat Junior Aaron die komplette Verantwortung für die Weine. Der Vater nahm sich zurück und ließ den Sohn gewähren. Der hatte durch seine Frau Julia, die ihm als Betriebswirtin den Rücken für die Arbeit im Weinberg und Keller freihält, die nötige Unterstützung beim Wachstum.

Ihm war es auch ein großes Anliegen, das Sortiment im gehobenen Bereich zu ergänzen. Die Spielwiese ist deutlich gewachsen, in inzwischen 80 verschiedenen Parzellen kann man aus dem Vollen schöpfen und zeigen, dass für Pinot Noir, Chardonnay und Riesling ebenfalls hohe Maßstäbe gelten. Begonnen hatte Aaron (Jahrgang 1988) seine Winzerausbildung nach vorzeitigem Abgang von der Schule (»Ich brauchte kein Abi, ich wusste, dass ich Winzer werden wollte!«) mit einigen bemerkenswerten, prägenden Stationen wie Bernhard Ellwanger im Remstal, dem Badener Joachim Heger (wo er auch gut zwei Jahre fest angestellt war), dem legendären Schweizer Daniel Gantenbein, Au Bon Climat in Kalifornien und Seifried in Neuseeland (wo auch Zweigelt wächst). 2011 kam er zurück nach Hause, machte noch die Technikerausbildung in Weinsberg, stieg dann zu Hause ein und startete erfolgreich durch. Das Ende der Fahnenstange ist noch längst nicht erreicht. Nächstes Ziel ist in 2023 ein Umzug des kompletten Betriebes aus der Enge im Korber Wohngebiet hinaus ins Grüne mit Blick in steile Weinberge …

Vertrauen (ins Holzfass) ist gut, aber die regelmäßige Kontrolle über die Wein-Entwicklung ist trotzdem notwendig.

Nur genau hinschauen: Die Natur in den Reben zeigt sich zu allen Jahreszeiten in prächtigen Farben.

In den Wintermonaten sind die Rebstöcke durch zeitigen Schnitt bereits gerüstet für den neuen Jahrgang.

WEINGUT ALBRECHT SCHWEGLER

Steinstraße 35
71404 Korb
Tel. 0 71 51 / 3 04 01 37
weingut@albrecht-schwegler.de
www.albrecht-schwegler.de

Gegründet: 1990

Inhaber: Aaron Schwegler

Rebfläche: 15 Hektar

Wichtigste Sorten:
Zweigelt, Cabernet Franc, Spätburgunder, Riesling, Chardonnay

Öffnungszeiten Vinothek:
Freitag 16–18 Uhr,
Samstag 11–14 Uhr
sowie nach telefonischer Vereinbarung

Ein erfolgreiches Gespann, das perfekt miteinander harmonisiert: Sven Ellwanger mit Schwester Yvonne.

Von der Lust am Experimentieren

Er war gerade 19 Jahre jung, hatte seine Technikerausbildung hinter sich und war frischgebackener Vater. Aber Bernhard Ellwanger war damals, 1975, trotzdem frech genug, um den Sprung in die Selbstständigkeit als Winzer zu wagen. Das geschah anfangs mit gerade 0,5 Hektar, die ihm Vater Martin zum Start überließ, während er weiter Trauben an eine Genossenschaft ablieferte. Bernhard startete mit 4000 Liter und konnte den Betrieb überwiegend durch Pacht vergrößern. Er fiel bald mit urwüchsigen, meist »knochentrockenen« Weinen auf. Das bescherte ihm zwar keine Medaillen bei Prämierungen im Ländle, wohl aber neue Kundschaft und Berichte in Medien. Auch mit ungewohnten Sorten fiel er auf. 1979 pflanzte er als Erster im Remstal Muskat-Trollinger. 1997 gehörte er zu den Vorreitern für Sauvignon Blanc. Zwei Jahre später übertrug er einen Teil der Verantwortung an seinen Sohn Sven. Denn bei einer ärztlichen Untersuchung wurden sehr schlechte Blutwerte registriert. Diagnose: Leukämie. Es dauerte einige Jahre, ehe der lebensbedrohende Blutkrebs besiegt war, weil er einen Knochenmarkspender mit einem ähnlichen Gewebemuster fand.

Gut, dass der Junior zu diesem Zeitpunkt bereits seine Lehre beim Verwandten Jürgen Ellwanger und das Studium in Weinbau und Kellerwirtschaft in Geisenheim sowie ein Praktikum in Neuseeland hinter sich gebracht hatte. So konnte er zusammen mit seiner Schwester Yvonne, die 2003 einstieg, den Betrieb nicht nur erhalten, sondern auch weiterentwickeln. Yvonne Ellwanger hat in Heilbronn Weinbetriebswirtschaft studiert und ein Praxissemester in Australien verbracht. 2018 übernahmen die Geschwister den elterlichen Betrieb zu gleichen Teilen.

Zum Erkennen der unterschiedlichen Bodenstrukturen unter den Weinstöcken wurde ein Stück der Rebfläche freigelegt.

Sven Ellwanger und Holzfässer – eine »Zusammenarbeit«, die funktioniert.

Gerüstet für die Zukunft: Die Umstellung auf ökologischen Weinbau ist vollzogen

Aktuell sind Yvonne und Sven Ellwanger bei 36 Hektar angelangt, für einen privaten Remstäler Wengerter eine stattliche Größenordnung. So ganz nebenbei wurde man nachhaltiges Weingut. Im August 2020 erfolgte die Umstellung auf ökologischen Weinbau. Zu der typischen Experimentierfreudigkeit der Ellwangers gehört die Hinwendung zu einer Sorte wie Roter Riesling. Ende der Neunzigerjahre entdeckten sie in einer alten Rebanlage des weißen Rieslings eine natürliche Mutation des Roten Rieslings. Bernhard Ellwanger vermehrte sie damals beim Rebveredler weiter, um den genetischen Satz zu erhalten. Erst später stelle sich heraus, dass es sich hierbei nicht um die bereits aus Hessen bekannte Mutation des Roten Rieslings handelte. Deshalb haben die Ellwangers nun ihre eigene Selektion vom Roten Riesling und können seit einigen Jahren damit sehr achtbare Weine vorweisen.

Vieles bei der Weinbereitung hat Sven Ellwanger vom Vater übernommen, etwa die klassische Maischegärung, welche auch heute noch zu 100 Prozent bei allen Rotweinen durchgeführt wird.

Eine besondere Stärke des Hauses ist Riesling in verschiedenen Versionen. Aufgetrumpft wird sowohl mit trockenen Ausführungen als auch mit fruchtigen Varianten (als Spätlese) und in edelsüßer Form als Auslese. Ein Prunkstück ist in guten Jahren der verspielte feinherbe Riesling Kabinett. Manchmal darf es sogar ein extravaganter Riesling wie der »Osterberg« aus der Lage Grunbacher Klingle sein, der 28 Monate auf der Feinhefe lag und unfiltriert gefüllt wurde. Das Ergebnis beim 2018er: zarte Hefenote, geschmeidig, elegant. Bei den Rotweinen war er schon einige Male beim Deutschen Rotweinpreis ganz vorn dabei, zuletzt 2021 mit einem zweiten Platz in der württembergischen Königsklasse Lemberger mit dem 2018er »SL«. Auch dem Trollinger will er Topqualität entlocken: Beim »GT« wird Ganztraubenvergärung praktiziert. Das führt zu einem richtig guten, feurigen »Trolli«. Vater Bernhard freut sich über die stolze Entwicklung und auch über den seit einigen Jahren aus Piwi-Sorten erzeugten Rotwein »Bernhard«, von dem in jedem Jahrgang rund 1000 Flaschen gefüllt werden. Ein Teil des Verkaufspreises wird an die Deutsche Knochenmarkspenderdatei DKMS gespendet, als Dankeschön für die Unterstützung bei der Suche nach dem Spender. Durch diverse Aktionen kamen bislang über 70 000 Euro zusammen. ■

Aus einem Betrieb mit lediglich 0,5 Hektar wurde ein stattliches, überregional bekanntes Weingut.

Bei Ellwanger setzt man noch auf dichte, zuverlässige Flaschenverschlüsse aus Glas.

Wenn sich der Nebel in den Morgenstunden lichtet, geben gepflegte Rebanlagen wie die von den Ellwangers ein richtig malerisches Bild ab.

WEINGUT BERNHARD ELLWANGER

Rebenstraße 9
71384 Weinstadt-Großheppach
Tel. 0 71 51 / 6 21 31
Fax 0 71 51 / 60 32 09
info@weingut-ellwanger.com
www.weingut-ellwanger.com

Gegründet: 1975

Inhaber:
Yvonne und Sven Ellwanger

Rebfläche: 36 Hektar

Wichtigste Sorten:
Riesling, Roter Riesling, Trollinger, Lemberger, Spätburgunder, Muskat-Trollinger, Sauvignon Blanc

Mitgliedschaft:
Junges Schwaben, Fair Choice

Im urigen Gewölbekeller dieses Gasthauses nahm alles seinen Anfang.

Entdeckungen beim »Goldjungen« aus »Goldbach«

Für manche Weinfans heißt Gundelsbach, ein beschaulicher Ortsteil von Weinstadt, seit einigen Jahren »Goldbach«. Denn hier macht ein Winzer mit beachtlichen Weinen auf sich aufmerksam – und mit seinem Namen, der ihn gelegentlich in Verdacht bringt, das sei ein Marketingtrick. Aber der Familienname von Leon ist wirklich Gold. Der ambitionierte Weingärtner, der vor einigen Jahren auf den anspruchsvollen biodynamischen Anbau umstellte und sich hier zum Beispiel bei der Arbeit in den Reben an den Mondphasen orientiert, kann seine Gäste mit seinen Weinen durchaus in Goldgräberstimmung versetzen, weil sein Sortiment eine Reihe von Entdeckungen beinhaltet.

In der Südpfalz kam es zum Denkanstoß für die Umstellung auf Bio-Weinbau

Angefangen hat alles mit 15 Ar Weinbergen. Der junge Mann begann seinen Kindheitstraum vom Weinbau umzusetzen, machte eine Ausbildung im Bottwartal und Remstal bei den Weingütern Bruker und Bernhard Ellwanger und ging anschließend für einige Jahre in die Südpfalz zu Sven Leiner (hier ließ er sich bereits zum Bio-Anbau inspirieren). Danach absolvierte er die Technikerausbildung in Weinsberg und sah sich damit gerüstet für die Eröffnung eines eigenen Weingutes. Seine Vorstellungen konnte er auch deshalb gut umsetzen, weil er ohne elterliches Weingut

Und das ist der neue, 2018 fertiggestellte Weinkeller, dessen Dach sogar als Festplatz nutzbar ist.

Alles im Griff: Gold beim Rebschnitt in seinem Weinberg.

keine Konventionen zu beachten hatte und seinen Weg frei entscheiden konnte.

Die erste Station des Ausbaues war der Gewölbekeller des Gasthauses »Im Krug zum grünen Kranze«, das heute von der Familie Sigle betrieben wird.

Das Provisorium wurde 2018 durch einen neuen Weinkeller in unmittelbarer Nachbarschaft der Gaststätte ergänzt, der sich gut ins Gelände einschmiegt. Auf dem Kellerdach entstand ein großzügiger Guts- und Festplatz, von dem aus man bei schönem Wetter einen herrlichen Blick auf die Umgebung hat.

In wenigen Jahren hat der Weingärtner vom Jahrgang 1986 auch noch die Rebfläche verdoppelt (etwa sechs Hektar waren es am Anfang), weil einige Fluren altersbedingt frei wurden und Gold schnell zugreifen konnte. Im Keller ist Zeit ein elementarer Faktor, nachdem alle Weine die Spontangärung hinter sich gebracht haben. Eine wichtige Rolle spielt das Holzfass. »Die verschiedenen Sorten sollen sich zu eigenständigen, lebendigen Weinen entwickeln«, ist eine Zielsetzung von Leon. Das Spektrum konnte er durch den Flächenzuwachs mit einer Sorte erweitern, die ihm ans Herz gewachsen ist, nämlich Chardonnay. »Er fällt gern puristisch und markant aus«, urteilt er über verschiedene Füllungen. Seine Réserve-Variante hat internationales Format, ist vielschichtig und lässt den Holzeinsatz im Aroma vorteilhaft spüren. Auch mit feinmaschigem, elegantem Riesling gehört er inzwischen zur Spitze in Württemberg. Bei Rot ist der Trollinger eine gute Basis. Ein geschicktes Händchen hat er für rote Cuvées.

Vielleicht auch mal Winzer oder Winzerin? Sohn Mathes (links) und Tochter Ida-Marie.

Nicht nur gut gereifte Trauben sind in den Reben zu finden.

Dass Blanc de Noir Charakter als Brut-Sekt haben kann, beweist er mit der goldgelben, feinwürzigen, druckvollen Verbindung von Schwarzriesling und Spätburgunder. Namenspatin für den betont herben Prickler ist die 2013 geborene Tochter Ida-Marie.

Sortenzuwachs steht an. Chenin-Blanc, erfolgreich vor allem in Südafrika, aber in Deutschland bislang kaum zu finden, soll in einigen Jahren von 0,5 Hektar charaktervolle Weine liefern. Die vom Namen her naheliegende Sorte Goldmuskateller steht schon eine Weile, hat aber bislang, durch die Witterung beeinflusst, kaum Trauben geliefert, obwohl die Rebe als robust gilt. Zuletzt dachte Leon Gold über Anbau von Goldriesling nach, der in Sachsen etwas verbreitet ist, aber für Württemberg wohl erst eine Zulassung benötigt …

Es grünt so grün in den »goldenen« Weingärten, wo vielleicht eines Tages Goldriesling wächst.

WEINGUT GOLD

Buocher Weg 9
71384 Weinstadt-Gundelsbach
Tel. 0 71 51 / 1 69 12 15
Mobil 0151 / 50 63 39 76
Fax 0 71 51 / 1 67 91 21
info@weingut-gold.de
www.weingut-gold.de

Gegründet: 2014

Inhaber und Kellermeister: Leon Gold

Rebfläche: 18 Hektar

Wichtigste Sorten: Riesling, Chardonnay, Trollinger, Zweigelt, Spätburgunder, Cabernet Sauvignon

Das gehört dazu: Guts- und Festplatz auf dem Dach des Weinkellers

Ein alter Straßenname durfte für Winzer Achim Stilz als Gutsname herhalten.

Mr. Zuverlässig und die Schutzhecke

Zunächst darf geklärt werden, warum »Hagenbüchle« und was ist das eigentlich? Winzer Achim Stilz klärt auf: »Es gibt mehrere Stilz in Schnait. Deshalb habe ich den alten Straßennamen verwendet, der sich ableitet von der Hagenbuche, einer früheren Schutzhecke. So bleibt mein Weingut unverwechselbar.« Was den Betrieb des früheren Genossenschaftswinzers vom Jahrgang 1969 noch von anderen unterscheidet, ist die konsequente Bio-Bewirtschaftung der Reben. Die Umstellung leitete schon Senior Reinhold (als 88-Jähriger noch aktiv) in den Sechzigerjahren in die Wege. 1988 wurde der Betrieb zertifiziert. Elf Jahre später entstand ein Kellerneubau und es wurde der Sprung in die Selbstständigkeit gewagt.

Nach und nach hat sich das Reben-Sortiment im Hagenbüchle-Weingut deutlich geändert. Mutig wurde eine weitgehende Umstellung auf pilzwiderstandsfähige Sorten vollzogen, die da heißen Pinotin, Monarch, Sauvignac, Muscaris, Johanniter, Regent, Cabernet Blanc und Souvignier Gris. Nur Zweigelt bleibt von den klassischen Sorten übrig. Mutig war das auch, weil die Piwis erklärungsbedürftig sind und eine besondere Überzeugungskraft gegenüber den Kunden notwendig ist. Stilz kann das auch mit Qualität tun. Mit »zuverlässig« lässt sich sein Sortiment gut überschreiben. Aber zum Beispiel mit dem roten Monarch (Duft nach Waldbeeren, saftig, reife Tannine), dem aromatischen, kraftvoll-üppigen Muscaris und dem betont würzigen Sauvignac (eine Kreuzung aus der Schweiz) hat er überzeugende Weine im Portfolio, mit denen sich reüssieren lässt. Das tut er unter anderem bei diversen Piwi-Weinpreisen, bei denen er immer wieder Silber und Gold erntet. Der Ausbau ist konventionell, mit offener Maischegärung und Reifung im Holz (neu und gebraucht) aus schwäbischer Eiche bei den Rotweinen. Bei Weiß wird nach dem sanften Absitzenlassen des Mostes und der Trub-Entfernung kühl vergoren, teilweise auch in Barriques. »Der Johanniter aus dem kleinen Fass ist mein Lieblingswein«, lacht der Schnaiter Feinschmecker (»Ich koche gern mit Muse für meine Familie!«).

Pflanzenkohle soll für eine gesunde Bodenstruktur sorgen

In 2022 wurde erstmals auch »Terra preta« (portugiesisch für »schwarze Erde«) in den Weinbergen ausgebracht. Diese mit Kompost und Mikroorganismen angereicherte Pflanzenkohle kann Mineralien, Nährstoffe und Wasser speichern und bietet vielen Mikroorganismen eine ideale Behausung. Sie hat einen sehr positiven Effekt für eine gesunde Bodenstruktur und bindet dauerhaft Kohlenstoff im Boden. ■

Künstler bei der Arbeit: Seine Etiketten entwirft der Hagenbüchle-Chef selbst.

WEINGUT IM HAGENBÜCHLE

Haldenstraße 17
71384 Weinstadt-Schnait
Tel. 0 71 51 / 66 03 69
Fax 0 71 51 / 27 44 05
info@weingut-im-hagenbuechle.de
www.weingut-im-hagenbuechle.de

Gegründet: 1999
Inhaber: Achim Stilz
Rebfläche: 5,2 Hektar
Wichtigste Sorten: Zweigelt, Johanniter, Monarch, Pinotin, Regent, Souvignier Gris

Mitgliedschaft: Bioland, Piwi-International, Piwi-Deutschland

In diesem 2019 fertiggestellten, puristischen Neubau kann sich Marcel Idler voll entfalten und viele Ideen umsetzen.

Rastlos und tadellos

Zwei Worte passen besonders zu Marcel Idler (Jahrgang 1988): rastlos und tadellos. Rastlos deshalb, weil seine Agenda ausweist, dass er in seinem bisherigen Weingärtner-Dasein kaum zur Ruhe gekommen ist und manchmal den zweiten Schritt noch vor dem ersten machte. Und tadellos sind seine Weine, mit denen er schon kurz nach der offiziellen Gründung seines Weingutes vor zehn Jahren auf sich aufmerksam machte und erst im Frühjahr 2021 mit einem zweiten Platz beim »Trollinger Summit« mit seinem Gutswein erfolgreich war. Aber bleiben wir noch etwas bei seiner Geschichte.

Weinbau wurde ihm gewissermaßen schon in die Wiege gelegt. 2004 pachtete er als gerade 16-Jähriger etwas Rebfläche und brachte die Ernte zur Remstalkellerei. Drei Jahre später begann er seine Berufsausbildung bei Wöhrwag in Stuttgart-Untertürkheim. Sie prägte ihn vor allem beim Riesling, da Hans-Peter Wöhrwag einer der besten Riesling-Erzeuger im Ländle ist. 2009 war er zwei Monate in Südafrika bei der Sektkellerei Cabrière Estate und lernte vom dortigen Hausherren, dem deutschstämmigen Achim von Arnim, wie man gekonnt Schaumwein erzeugt (findet Niederschlag in einem schnörkellosen Pinot brut vom Spätburgunder). Das im gleichen Jahr begonnene Studium in Geisenheim wurde abgerundet durch Praktika in der Provence und in einem biodynamisch arbeitenden Weingut im Roussillon sowie in der Schweizer Forschungsanstalt Wädenswil, wo er sich mit dem Projekt »Agroscope« (Weinbauforschung inklusive Pflanzenschutz) befassen konnte.

2015 gab es eine besondere Auszeichnung des Weinbauverbandes Württemberg für den Jungwinzer.

Die richtigen Gläser für elegante, feinmaschige Bio-Weine.

Schon früh wurde mit der Umstellung auf Öko-Weinbau begonnen

Letztere Themen waren doppelt wichtig für den weiteren Werdegang. Denn als sich Idler 2012 mit 2,5 Hektar Pachtfläche zur Selbstständigkeit entschloss, begann er mit der Umstellung auf ökologischen Weinbau und hatte zudem ein zweites berufliches Standbein als Berater im biologischen Pflanzschutz. Das gab wirtschaftliche Sicherheit. Außerdem hatte er sich seinen Weg mit seiner Abschlussarbeit in Geisenheim (Leitfaden zur Gründung eines Weingutes) selbst vorgezeichnet.

Die erste Zeit war geprägt von Improvisation. Die Weine wurden längere Zeit im nicht mehr genutzten Keller der Großeltern ausgebaut. Das so gut, dass ihn der Weinbauverband Württemberg 2015 zum »Jungwinzer des Jahres« kürte und ihn für seine nicht unbedingt stromlinienförmigen, aber eigenständigen Weine lobte. Ab 2019 konnte er sich endlich richtig austoben. Am Ortsrand wurde ein Neubau erstellt, mit Raum für ihn und seine Gattin Laura, mit Keller, Flaschenlager und der 2021 vom Deutschen Weininstitut prämierten Vinothek »Lehenstein« mit viel Holz, Glas und einer puristischen Architektur, die den vorherigen, durchdacht geplanten, aber doch recht winzigen Verkostungsraum ablöste.

Bei der Vinifikation ist Zurückhaltung angesagt. Das beginnt nach selektiver Ernte schon mit schonender Traubenverarbeitung. Anschließend wird nur sehr wenig Technik eingesetzt. Ein Großteil der Rotweine wird ohne Filtration gefüllt. Vorher wird ein wesentlicher Teil der Weine in Barriques ausgebaut. Seine Stärken sind hier der betont sortentypische, elegante Lemberger, der druckvolle, ausgewogene Zweigelt und der erstaunlich vielschichtige, dichte Trollinger. Bei den Weißweinen ist ein längeres Lager auf der Vollhefe Standard. Der knackige, nach Zitrus und Grapefruit duftende Riesling ist das weiße Aushängeschild. Eine Besonderheit ist der Chardonnay aus der Lage Wetzstein, der mit seiner feinen Kräuterwürze und einer extrem griffigen Struktur überzeugt.

Die Vinothek »Lehenstein« wurde vom Deutschen Weininstitut (DWI) ausgezeichnet.

Ehefrau Laura ist seit 2019 der ruhende Pol im Weingut des rastlosen Winzers.

Bio war ihm von Anfang an ein besonderes Anliegen. »Wir wollen damit unsere Weinberge und ihr Potenzial richtig interpretieren und ausschöpfen«, macht Marcel Idler deutlich. Nicht nur die Weinberge: Beim Fan von Linsen mit Spätzle und Wildgerichten gibt es auch Kartoffeln aus biologischem Anbau für den Eigenbedarf. ■

Ein Winzer als Strahlemann. Und die sportliche Mütze ist immer dabei …

WEINGUT IDLER

Lehenweg 21
71384 Weinstadt-Strümpfelbach
Tel. 0 71 51 / 9 94 76 99
info@weingut-idler.de
www.weingut-idler.de

Gegründet: 2012
Inhaber: Marcel Idler
Rebfläche: 10 Hektar
Wichtigste Sorten: Riesling, Sauvignon Blanc, Weißburgunder, Lemberger, Zweigelt, Trollinger

Das gehört dazu: Prämierte Vinothek »Lehenstein«, auch nutzbar für Veranstaltungen, Ferien-Appartement
Mitgliedschaft: Bioland

Wer in ziemlich steilen Fluren Reben stehen hat, wie Christoph Klopfer, ist auf technische Unterstützung angewiesen.

Gute Rezepte für spannende Weine

Gut, wenn man bei der örtlichen Feuerwehr aktiv ist. So konnte Christoph Klopfer als Bio-Winzer, seit 2013 in der Mitverantwortung im Familienbetrieb, die durch viel Regen verursachten Probleme im Jahrgang 2021 einigermaßen »löschen«. Er konnte dabei vom gesunden Gleichgewicht der Reben und der Harmonisierung im Wuchs, die er nach inzwischen sechs Jahren Umstellung registrierte, profitieren. Erfahrung spielte auch mit rein. Senior Wolfgang

Klopfer (Jahrgang 1959) hatte es sich als Jungspund schon mit dem Austritt aus der Genossenschaft ausgerechnet im schlechten Jahrgang 1980 nicht leicht gemacht. Aber er brachte das Weingut auf Kurs und konnte das Tempo auf dem Weg nach oben noch verschärfen, als Christoph, im sehr guten Jahrgang 1990 geboren, mit in die Verantwortung genommen wurde. Das geschah nach einem dualen Weinbaustudium in Neustadt/Weinstraße in Verbindung mit einem Praktikum im Pfälzer Top-Weingut Bassermann-Jordan, dem sich noch ein Aufenthalt im aufstrebenden Weinland Kanada anschloss.

Der Junior begann danach Akzente zu setzen, unter anderem durch die Umstellung auf Bio. Dazu gehörte ein spezielles Projekt etwas außerhalb des Remstals in einem Areal des Cannstatter Zuckerles. Hier kam es 2013 zum Entschluss, jahrhundertealte Trockenmauern aufwändig zu restaurieren und eine Piwi-Sorte ohne Namen, nur mit einer Zuchtnummer (VB Cal. 1-22) zu pflanzen, die inzwischen saftige, druckvolle Rotweine liefert, welche unter dem passenden Namen »Mauerpfeffer« schon beim Deutschen Rotweinpreis im Finale vertreten waren und Gold beim Internationalen Piwi-Preis einheimsten. Hier wächst auch der klassische, knackig-saftige Zuckerle-Riesling.

Die Entwicklung der Weine in Barriques wird duch regelmäßige Verkostungen kontrolliert.

Heimstatt feiner Gewächse: Das optimal in die Umgebung integrierte Weingut.

Die Vinifikation von Wein ist ein individuelles Handwerk

Was im Keller üblich ist, erklärt Christoph so: »Bei Weißwein arbeiten wir verstärkt mit Ganztraubenpressung, bei den Rotweinen ist Ganztraubenvergärung mit im Spiel. Generell legen wir beim Ausbau Wert auf handwerkliche Art Wein zu machen, mit langsamer Gärung, langem Hefelager und möglichst wenig technischen Eingriffen.« Gesundes Lesegut hat oberste Priorität. Lange Maischestandzeiten (auch bei Weiß), teilweise Spontangärung, ausgiebiges Hefelager und schonende Verarbeitung ohne Pumpen gehören zur Rezeptur für spannende Weine, die länger reifen dürfen. Das gilt ebenso für den Blanc de Noir-Sekt (42 Monate auf der Hefe).

Mit einer gelungenen, druckvollen Rarität, die Senior Wolfgang an der Loire entdeckte, können die Klopfers zudem aufwarten: Sauvignon Gris, ausgebaut im kleinen Holzfass. Eine ungewöhnliche Sorte ergänzt inzwischen das Sortiment: der spätreifende Goldmuskateller, dessen Heimat eigentlich unter dem Namen Moscato Giallo Norditalien ist. Die Ergebnisse (würzig, komplex, vielschichtig) haben inzwischen eine stattliche Fangemeinde. Bei Rotweinen sind die Klopfers mit Spätburgunder, Lemberger und ihrer Cuvée »Modus K« (Cabernet, Lemberger) schon etliche Jahre auf einem guten Weg. Sehr gute Ergebnisse beim Deutschen Rotweinpreis des Magazins Vinum sind fast eine Selbstverständlichkeit. Der Weinführer Eichelmann lobte die »beste Rotwein-Kollektion 2020«.

Mit seinem Rotwein ist Christoph Klopfer besonders erfolgreich.

In den Reben darf es bei einem Bio-Winzer getrost etwas wuchern.

Stolz ist man auf die 2019 fertiggestellte, sehenswerte und flexibel nutzbare Vinothek »Am Steingrüble«. Die damit verbundene Mehrarbeit durch Veranstaltungen setzt gutes Teamwork voraus. Christophs Ehefrau Maraike und seine Mutter Dagmar managen alle Events sowie den Weinausschank in der Vinothek und sind zudem für den Weinverkauf verantwortlich, während Senior Wolfgang für die Brennerei zuständig ist. Ebenfalls Teil der Klopfer-Familie ist Christophs Bruder Bastian, der als Ingenieur tätig ist und neben dem Anpacken im Betrieb auch die Imkertradition in der Familie pflegt. Beste Unterstützung im Büro, beim Weinverkauf und in der Vinothek erhält die Familie durch ihr junges, motiviertes Team. ■

Hoch über dem Neckar achtet Christoph Klopfer schon zeitig im Jahr darauf, wie sich die Reben entwickeln.

WEINGUT WOLFGANG KLOPFER

Gundelsbacher Straße 1
71384 Weinstadt-Großheppach
Tel. 0 71 51 / 60 38 48
Fax 0 71 51 / 60 09 56
info@weingut-klopfer.de
www.weingut-klopfer.de

Gegründet: 1980

Inhaber:
Wolfgang, Dagmar und Christoph Klopfer

Rebfläche: 16 Hektar

Wichtigste Sorten:
Riesling, Weiß- und Grauburgunder, Sauvignon Blanc, Goldmuskateller, Lemberger, Spätburgunder, Trollinger, Zweigelt, Merlot

Das gehört dazu:
Vinothek »Am Steingrüble«, Obstsäfte, Destillate

Mitgliedschaft: Ecovin

Toskana im Ländle: Ein schlichter Holzbau in den malerischen Weinbergen soll optisch an die mediterrane Region Italiens erinnern.

Früh regt sich, was ein Winzer werden will

Senior Horst Knauß (Jahrgang 1959) war ursprünglich in der Automobilindustrie tätig und bewirtschaftete nebenbei Reben, deren Ertrag bei der regionalen Genossenschaft abgeliefert wurde. 1995 startete er in die Selbstständigkeit und erregte bald das Interesse von Sohn Andreas, der damals gerade 13 Jahre alt war. Ihm gefiel das, was der Vater im Weinberg und Keller trieb. So startete er als gerade 15-Jähriger seine Winzerlaufbahn mit einer Ausbildung bei Bernhard Ellwanger im nahen Großheppach. Von 2004 bis 2006 drückte er die Schulbank der Staatlichen Lehr- und Versuchsanstalt für Weinbau und ging als Winzermeister ab. Es folgte noch ein prägendes Praktikum beim renommierten österreichischen Rotweinmacher Hans (»John«) Nittnaus in Gols im Burgenland.

Einiges, was er hier lernte, konnte er zu Hause nach der Übernahme der Verantwortung im Keller angesichts des stattlichen Rotweinanteils (etwa 60 Prozent) besonders gut umsetzen. Vater Horst liefert dafür als Zuständiger für die Außenwirtschaft durch teilweise radikale Mengenbegrenzung bestes Traubenmaterial. Im Keller gibt es keine Geheimnisse. Spontangärung ist normal. Die Rotweine liegen generell im Holz, bei Weiß sind es nur die besten

Gewächse. Herzhafte, im Preis sehr vernünftige Literweine bilden die Basis. Auch mit den Gutsweinen zum Beispiel vom Riesling und Lemberger oder einem Muskat-Trollinger kann man sich bereits anfreunden. Die Kategorie der Ortsweine stammt von bis zu 35 Jahre alten Rebanlagen. Hier wartet das Weingut mit schon sehr achtbarem Riesling, Sauvignon Blanc (!), Lemberger, Spätburgunder und Trollinger sowie den beiden Cuvées »Signatur« (Rot aus Lemberger, Merlot, Zweigelt, Weiß aus Grauburgunder, Weißburgunder, Chardonnay) auf.

Die Lagenweine haben besondere Beachtung verdient

Spitze sind die Lagenweine, denen Andreas viel Zeit für die Reife gibt. Gleichmäßig hoch ist die Qualität bei den Weißweinen vom Chardonnay über vielschichtigen Riesling bis hin zum komplexen Weißburgunder. Bei Rot hat man beim Lemberger die Qual der Wahl zwischen dem feurigen, dichten Altenberg und dem eleganten Wohlfahrtsberg. Die Alternative ist Spätburgunder aus dem Strümpfelbacher Nonnenberg (kühle Aromatik, feingliedrig).

Zuletzt war Wachstum angesagt: Horst Knauß darf sich inzwischen statt um vorher 18 nun um 24 Hektar kümmern. Seit 2018 ist man bio-zertifiziert. Um es nicht zu vergessen: Ohne Margit Knauß (Gattin von Horst) und Manuela (Gattin von Andreas) wären die Männer manchmal aufgeschmissen. ■

Weine ohne Schnickschnack, aber mit Tiefgang sind für Andreas Knauß die Zielsetzung.

WEINGUT KNAUSS

Nolten 2
71384 Weinstadt-Strümpfelbach
Tel. 0 71 51 / 60 63 45
Fax 0 71 51 / 96 01 45
info@weingut-knauss.com
www.weingut-knauss.com

Gegründet: 1995
Inhaber: Andreas Knauß
Rebfläche: 24 Hektar
Wichtigste Sorten: Lemberger, Spätburgunder, Chardonnay, Weißburgunder, Riesling

Das gehört dazu:
Sonna Besa in den Reben (Regie: Margit Knauß), stilvolle Event Location (Kontakt über Manuela Knauß)

Es begann in einem Gewölbekeller. Aber längst ist Familie Kuhnle in einem schmucken Fachwerkbau zu Hause.

Aus der Heimaterde

Die Eltern Margret und Werner Kuhnle (Jahrgang 1958) fingen mal klein, aber mit viel Ehrgeiz in einem Gewölbekeller in Strümpfelbach an, ein eigenes Weingut aufzubauen. Zu ordnen war in der Anfangszeit, als der junge Kellermeister der Kochertalkellerei sich zur Selbstständigkeit entschloss, auch ein Provisorium mit 50 Parzellen, verteilt auf anfänglich fünf Hektar. Der Absolvent der Weinbauschule Weinsberg und Azubi beim renommierten Weingut Aldinger schaffte das mit den Jahren und fiel bald mit überzeugenden Qualitäten auf.

Heute empfangen die Kuhnles ihre Weinfans in einem barocken Fachwerkbau und haben mit 23 Hektar schon so ziemlich die maximal zu bewältigende Fläche erreicht. Wichtig ist der enge Kontakt zur Kundschaft, was 80 Prozent Direktverkauf ab Hof unter Beweis stellen. Für die Weine ist neben Senior Werner inzwischen auch Weinbetriebswirt Junior Daniel (Jahrgang 1985) verantwortlich, der zusätzliche Impulse einbrachte, aber dem Motto des Hauses treu blieb: bodenständig und qualitätsbewusst.

Spezialität ist ein Wein aus getrockneten Beeren à la Amarone

Schon vor längerer Zeit tanzte man durch neue Spielarten etwas aus der Reihe. Nach dem Vorbild des italienischen Amarone entstand der rote »Caratello« aus eingetrockneten Trauben der Sorte Cabernet Cubin (Züchtung aus Lemberger und Cabernet Sauvignon). Nach einigen Monaten ist der Saft durch die Trocknung hochkonzentriert und hat rund 15 »Volt« Alkohol. Das Vorbild war hier der Strohwein, der in Deutschland eigentlich verboten ist (zumindest mit dieser Bezeichnung). »Würzig, zartbitter, fülliger Körper, edle Süße«, ist die Beschreibung von Daniel Kuhnle. Bei den Sorten wagte man sich unter anderem früh an Sauvignon Blanc und neuerdings an Grüner Veltliner sowie schon 1992 an die damals nicht zulässige Kreuzung Garanoir von Gamay Noir und Reichensteiner aus der Schweiz. Die Reben gediehen von Anfang an prächtig, die Weine mit ihrer milden Säure und sanften Frucht haben mit den Jahren viele Freunde gefunden. Der Star unter den diversen in Barriques ausgebauten Rotweinen ist die Cuvée »Forstknecht Marz« aus Spätburgunder, Cabernet und Gamaret, benannt nach dem Forstknecht Adam Marz, der im 18. Jahrhundert im Strümpfelbacher Fachwerkhaus lebte. ■

Die Kuhnles unter sich: Junior Daniel, Mutter Margret und Vater Werner (v.l.n.r.).

WEINGUT KUHNLE

Hauptstraße 49
71384 Weinstadt-Strümpfelbach
Tel. 0 71 51 / 6 12 93
Fax 0 71 51 / 61 07 47
info@weingut-kuhnle.de
www.weingut-kuhnle.de

Gegründet: 1983
Inhaber: Margret und Werner Kuhnle, Daniel Kuhnle
Rebfläche: 23 Hektar
Wichtigste Sorten: Trollinger, Riesling, Muskat-Trollinger, Spätburgunder, Chardonnay, Garanoir, Sauvignon Blanc, Zweigelt, Lemberger
Das gehört dazu: Weinperlen in verschiedenen Versionen, auch Schnaps- und Likörperlen, weiterentwickelt von Daniel Kuhnle

Claus und Martina Mannschreck waren schon immer ein gutes Team. Jetzt hat die gelernte Bürokauffrau erfolgreich die Winzer-Ausbildung abgeschlossen und kann noch aktiver im Weingut mitarbeiten.

Der Name ist kein Programm

Der Name ihres Gatten Claus war vor der Hochzeit kein Hindernis für Martina Ruff aus Schnait. Sie wurde gern aus Liebe zur Frau Mannschreck und kann herzlich über gelegentliche Anspielungen lachen. Die beiden (jeweils Jahrgang 1970) haben in ihren Familien schon lange mit Wein zu tun, bei ihm reichen die Wurzeln zurück bis anno 1709. Ein eigenständiges Weingut haben sie aber erst seit 2019, also erst seit wenigen Jahren. Zuvor wurden die Trauben komplett bei der Remstalkellerei abgeliefert.

Der Diplom-Weingärtner hat lange im Weinvertrieb gearbeitet, sich hier viele Kenntnisse über Weinstile angeeignet und ist heute, neben der Arbeit im Keller, liebend gern in den Reben aktiv, während bei der quirligen, heiteren Martina die sonstigen Fäden zusammenlaufen.

Die ursprünglich diplomierte Bankkauffrau ist Weinerlebnisführerin, organisiert Planwagenfahrten und Catering für Kunden, kocht dabei noch selbst und ist zudem im Weinberg und Keller aktiv. Am wohlsten fühlt sie sich in den Weinbergen, die oberhalb von Strümpfelbach steil hinauf gehen. Am liebsten steht sie am Vogelkopf, einem der riesigen Felsblöcke, die während der Flurbereinigung zwischen 1966 und 1995 aus dem Erdreich geborgen wurden und Kundige daran erinnern, wie mühsam damals die Arbeit in den einstigen Terrassen war.

Die weiße Burgunderwelt ist eine besondere Empfehlung

Beim Wein-Ausbau hat man keine Geheimnisse. Kein Mann wird von den Ergebnissen abgeschreckt, auch Frauen lassen sich begeistern. Die Weißweine werden nach schonender Traubenverarbeitung gekühlt vergoren. Die Rotweine machen die klassische Maischegärung durch und werden teilweise im Holz vinifiziert. Die weiße Burgunderwelt ist besonders zu empfehlen. Zum Liebling bei einer Probe kann der feinherbe, herzhafte Rosé werden. Dass Martinas Favorit die saftige Cuvée Chardonnay mit Sauvignon Blanc ist, kann man verstehen. Der noch junge eigenständige Betrieb befindet sich auf sehr gutem Weg. ■

Das schwungvolle »M« auf den Etiketten verheißt schwungvolle Weine.

MANNSCHRECK WEINE

Kelterstraße 3
71384 Weinstadt-Strümpfelbach
0151 / 10 70 04 51 (Martina Mannschreck)
0172 / 1 32 97 74 (Claus Mannschreck)
kontakt@mannschreck-weine.de
www.mannschreck-weine.com

Gegründet: 2019 (Weinbau seit 1709)

Inhaber: Claus Mannschreck

Rebfläche: 8,5 Hektar

Wichtigste Sorten: Lemberger, Riesling, Chardonnay, Weißburgunder, Trollinger, Müller-Thurgau, Cabernet Sauvignon, Merlot, Syrah

Das gehört dazu: Pensionspferdehaltung, Weinscheune, Weinerlebnisführung (Martina)

Auf die Idee muss man erst mal kommen: Ein Seiteneinsteiger befand, dass in diesen Fluren spezielles Parfum wächst ...

Hingabe und Selbstvertrauen

Der Name (mit u nicht ü) ist originell, passt aber irgendwie zum Thema, wenngleich die Weine, die hier erzeugt werden, alles andere als parfümiert sind. Auch die Zusammensetzung des kleinen Weingutes entspricht nicht unbedingt den Normen. Begonnen hat alles damit, dass der vielseitig in verschiedenen Unternehmen wie Telekom, Grundig und Daimler tätige Dr. Rainer Scholz (1961) vor rund 15 Jahren von Berlin nach Württemberg übersiedelte, ein Büro in Stuttgart und einen Wohnsitz in Strümpfelbach hatte, den Wein und die Landschaft schätzen lernte, einen hoffnungsvollen Winzer namens Andreas Knauß kennenlernte und diesen dazu überredete, mit ihm gemeinsame Sache im Weinbau zu machen.

Begonnen wurde mit einem Barriquefass mit Regent. Mit der Zeit wurde das Sortenspektrum mit Spätburgunder, Riesling und Müller-Thurgau erweitert, aber die Auflage blieb trotzdem limitiert, weil die Erntemengen mit einem Schnitt von 35 Liter/Ar extrem niedrig sind, auch eine Folge von teilweise recht alten Reben. Für die Pflege der Flächen erklärt sich Scholz zuständig. Er macht das mit viel Hingabe zweimal im Monat und konnte sich schon über sehr gute Ergebnisse in verschiedenen Jahrgängen freuen. 2012, 2016 und 2018 werden dabei besonders hervorgehoben. Der letztgenannte Jahrgang war der erste, der ökologisch zertifiziert wurde. Von älteren Jahrgängen gibt es noch Reserven. Eine besondere Empfehlung verdient der noch knackig-saftige Riesling aus 2012, der hausintern mit dem herzhaften Müller-Thurgau weiße Konkurrenz hat.

Im Konzert der niedrigen Preise wird hier nicht mitgespielt

Alle Weine vergären spontan ohne Zusatz von Reinzuchthefen. Entrappt wird fast zärtlich. Holzfassausbau spielt eine wichtige Rolle. Auch die Weißweine werden zumindest kurz von französischer oder österreichischer Eiche »geküsst«. Beim nach Waldbeeren duftenden, komplexen Regent schmeckt man die Erfahrung mit dieser pilzwiderstandsfähigen Sorte.

Bei den Preisen ist gesundes Selbstvertrauen erkennbar. »Aber Remstäler Weine mit Profil sollen auch gute Preise erzielen«, ist die Auffassung von Scholz, der auch für den Vertrieb (vorwiegend online und über ausgewählte Händler wie Daniel Hasert im Remstal) zuständig ist. ■

Dr. Rainer Scholz (vorne) und sein Weinmacher Andreas Knauß auf Kontrollgang.

PARFUM DER ERDE GBR

Nolten 8
71384 Weinstadt-Strümpfelbach
Tel. 0170 / 5 65 91 18
dr.rainer.scholz@parfum-der-erde.de
www.parfum-der-erde.de

Gegründet: 2006
Inhaber: Andreas Knauß und Dr. Rainer Scholz
Rebfläche: 1,5 Hektar

Wichtigste Sorten: Spätburgunder, Riesling, Regent, Müller-Thurgau
Mitgliedschaft: Kontrollierter ökologischer Landbau, Karlsruhe

Der stattlichen Holzfasskellerei in Beutelsbach, oft Rahmen für Verkostungen, steht wohl ein Umzug bevor …

Auf zu neuen Ufern

Es war fast so etwas wie ein Urknall: Beim Deutschen Rotweinpreis 2021 landete die lange Zeit krisengeschüttelte Remstalkellerei in der anspruchsvollen Kategorie der Cuvées mit ihrem »Dialog R« aus dem Jahrgang 2018 auf dem dritten Rang, nur knapp hinter zwei arrivierten Weingütern aus Baden und Württemberg. Peter Jung (1988), erst seit August 2018 Geschäftsführer und seit März 2020 Vorstandsvorsitzender des ungewöhnlich strukturierten Betriebes, sah sich bestätigt, dass man mit den besten Weinen des Hauses im Konzert der Wengerter mitspielen kann und dass man offenbar auf dem richtigen Weg ist.

Zielsetzung der neuen Führung: Mitglieder- und Flächenschwund mit Tatkraft und Ideen bremsen

Lange Zeit war das nicht der Fall. Die einst praktisch das ganze Remstal beherrschende Genossenschaft, die in ihren besten Zeiten aus 900 Hektar Trauben bezog und früher 2500 Weingärtner als Mitglieder zählte, kriselte lange Zeit unternehmerisch und hatte bei der Rebfläche und den Mitgliederzahlen »Schwindsucht«. Dazu trug auch das schwer organisierbare, veraltete Konstrukt mit teilweise bis zu 21 Ortsgenossenschaften bei, die Annahmestationen für die Trauben waren, die dann in der Zentrale in der Stadtmitte von Beutelsbach verarbeitet wurden. Viele (unzureichend bezahlte) Mitglieder warfen in den letzten Jahren das Handtuch; die frei werdende Rebfläche konnten sich dann meist aufstrebende junge Winzer sichern.

Friedhelm Illg, im Keller verantwortlich für das umfangreiche und vielseitige Sortiment des Betriebes.

Der neue Chef der großen Kellerei, Peter Jung, gibt einen vernünftigen, notwendigen Kurs vor.

Der neue Chef stammte aus einem landwirtschaftlichen Gemischtbetrieb in Mainz-Hechtsheim, war vorher tätig beim Deutschen Raiffeisenverband und hier zuständig für die politische Interessenvertretung zum Thema Wein. Jung trat sein Amt ohne regionalen Stallgeruch an. So konnte er nach und nach die noch verbliebenen Ortsgenossenschaften davon überzeugen, dass sie ihre Selbstständigkeit aufgeben und fusionieren müssten. »Der genossenschaftliche Weinbau im Remstal muss zu einer Einheit werden«, war seine Devise. Viel Überzeugungsarbeit musste für den Plan geleistet werden, den bisherigen Standort aufzugeben, die Gebäude und das riesige Gelände im Wohngebiet zu verkaufen und auf der grünen Wiese neu zu bauen. »Das frühere Kirchturmdenken war lange Zeit ein Hemmnis, aber jetzt sind die Weichen für die Zukunft bestellt«, ist

Auch bei den Mitgliedern der Remstalkellerei stehen die Reben im Sommer voll im Saft.

Jung überzeugt. Der Aufsichtsrat hat seinen Segen gegeben (Jung: »Jetzt ziehen alle an einem Strang!«). 2024 hofft er, dass schon entscheidende Schritte gemacht sind.

Er ist davon überzeugt, dass sich die Kostenstruktur und die Möglichkeiten der Direktvermarktung verbessern werden. Die jetzt schon deutlich verbesserte Qualität durch Kellermeister Friedhelm Illg (Jahrgang 1964), der einst als Lehrling im Unternehmen anfing, lässt sich wohl ab 2023 durch den erfahrenen Profi Martin Kurrle als leitenden Önologen und technischen Betriebsleiter weiter auf breiter Front steigern. 4 bis 4,2 Millionen Flaschen verlassen in einem normalen Jahr die Kellerei. Es versteht sich, dass hier reichlich korrekte Basisweine zu günstigen Preisen und jede Menge Literweine dabei sind, die in der Gastronomie als Schoppenweine geschätzt werden. Diverse weiße und rote Fassweine in 30- und 50-Liter-Gebinden gehören ebenfalls zum Angebot, ebenso alkoholfreier Wein und im Herbst Federweißer. Auch Sekt und Perlwein kann man bieten, bis hin zu einem achtbaren roten Syrah »R« brut nature.

Wer exzellente Weine sucht, wird in einigen Linien fündig, etwa in der Edition »R« bei einem geschmeidigen, eleganten Gewürztraminer, bei den Premiumweinen bei einem Silvaner, der als »Großes Gewächs« deklariert wird und richtig Format hat. Guter Umgang mit Barriques wird deutlich mit einigen Rotweinsorten, vor allem mit dem Zweigelt und einem aromatischen Muskateller! Die Stars im Sortiment sind zwei Cuvées in dem Duo »Dialog R«, nämlich der beim Rotweinpreis erfolgreiche Rotwein und der cremig-schmelzige Weiße. Hoffnung auf die Zukunft macht auch die Aktivität der Jungwinzertruppe »Weinzigartig«, die mit ihrem ersten Wein, einem Piwi der Sorte Sauvitage, gleich Gold bei der Landesprämierung einheimste. ■

In der Schatzkammer kann man noch Entdeckungen zurück bis 1953 machen!

Die Vinothek der großen Genossenschaft ist ein beliebter Anlaufpunkt auch für anspruchsvolle Weinfreunde.

REMSTALKELLEREI

Kaiserstraße 13
71384 Weinstadt-Beutelsbach
Tel. 0 71 51 / 6 90 80
Fax 0 71 51 / 69 08 38
info@remstalkellerei.de
www.remstalkellerei.de

Gegründet: 1940

Vorstandsvorsitzender und Geschäftsführer: : Peter Jung

Kellermeister: Friedhelm Illg

Mitglieder: 560

Rebfläche: 450 Hektar

Wichtigste Sorten:
Trollinger, Zweigelt, Schwarzriesling, Muskat-Trollinger, Lemberger, Riesling, Chardonnay, Grauburgunder, Sauvignon Blanc

Das gehört dazu:
Schatzkammer zurück bis Jahrgang 1953

Hermann Stilz ist zwar »nur« Chef eines Mini-Weingutes, hat aber ein ausgeprägtes Qualitäts-Streben.

In diesem Besen kann man genesen

Man darf sich nicht davon irritieren lassen, dass alle Weine dieses Weingutes als »Schwäbischer Landwein« deklariert sind. Aroma und Geschmack sind untadelig, die Weine jederzeit eines Qualitätsweines würdig. Aber Hermann Stilz, der Chef des Mini-Betriebes, legt keinen Wert auf die amtliche Prüfung. »Hat für uns keine Bedeutung«, ist seine Erkenntnis. Dabei erinnert er sich an frühere Zeiten, als seine auf der Maische vergorenen Rotweine noch kritisch angepackt wurden bei der Weinprüfung, weil der früher ungewohnte Geschmack manche Verkoster irritierte.

Stilz (Jahrgang 1968) ist ein Winzer mit einer gründlichen Ausbildung. Er machte die Lehre in einer Genossenschaft und einem VDP-Weingut, wurde in Weinsberg zum Weinbautechniker und war dann Mitarbeiter in einigen Weinbaubetrieben, zum Beispiel Kuhnle in Strümpfelbach. 1997 stellte er sich die Gewissensfrage: »Entweder ich mache jetzt mein eigenes Ding und kann davon leben. Oder ich mache was ganz anderes.« Er machte sein eigenes Ding, mit Gattin Uli (1966, geborene Wissmann) an der Seite. Zwischenzeitlich wuchs der Betrieb schon mal auf vier Hektar, aber dreiviertel des Ertrags wurden an eine Weinkellerei oder Weingüter verkauft. Geblieben sind 1,2 ha, die genügend Wein liefern, um seinen Haupt-Absatzweg, den beliebten Besen, zu bedienen. Nur ein kleinerer Teil wird ab Weingut in Flaschen verkauft (den Anteil möchte er allerdings sukzessive erhöhen).

Die pilzwiderstandsfähigen Sorten (Piwi) sind inzwischen dominant im Sortiment

Geändert hat sich in den letzten Jahren auch die Sortenstruktur mit einer deutlichen Zuwendung zu pilzwiderstandsfähigen Sorten (Piwi), die inzwischen 80 Prozent der Rebfläche ausmachen. Motto des Hauses: »Weine mit Herz und Hand gemacht.« Im Keller gibt es keine ungewöhnlichen Maßnahmen. Dinge wie längere Feinhefelagerung bei Weißwein und relativ kurzzeitige Maischegärung mit anschließendem biologischen Säureabbau bei Rot gehören zum Standard. Etwas ungewöhnlich ist allenfalls der Einsatz von Holzchips beim Souvignier Gris. Besonders gut gelingen der Rotling Sommertraum, der knackige, saftige Hermanns Rosé und auch der würzige, nach Kräutern duftende Regent als gut gereifter Rotwein. ■

Nach getaner Arbeit darf es auch mal eine erholsame Pause in den Reben sein.

WEINGUT WISSMANN-STILZ

Wiesentalstraße 53
71384 Weinstadt-Schnait
Tel. 0 71 51 / 5 41 58
Mobil 0151 / 22 71 03 74
info@wissmann-stilz.de
www.wissmann-stilz.de

Gegründet: 1997
Inhaber: Hermann Stilz
Rebfläche: 1,2 Hektar
Wichtigste Sorten:
Cabernet Blanc, Souvignier Gris, Regent, Lemberger, Trollinger

Das gehört dazu:
Besen mit guter Küche, Weinprobe im Weinberg, Kooperation mit einem Landwirt, der verschiedene Rinderrassen, Schafe und Ziegen züchtet

Winzer Armin Zimmerle in seinem »Lieblings-Zimmerle« bei den für die Vinifikation wichtigen Barriques.

Gradlinig und herzhaft: Weine wie der Winzer

Im Jahre 1981, nach einem Knatsch mit seiner Genossenschaft, machte sich Erwin Zimmerle selbständig. Sohn Armin (Jahrgang 1964) übernahm nach seiner Lehre im Weingut Jürgen Ellwanger sowie seiner Meisterausbildung in der Weinbauschule Weinsberg und führte den Betrieb mit Gattin Gabi und inzwischen auch mit Tochter Alina (1994) in vielseitiger Form fort. Denn neben dem Weinbau wird auch noch auf weiteren vier Hektar Obstbau betrieben, ebenso ein Gasthof gleich neben dem Weingut.

Armin Zimmerle ist ganz offensichtlich ein Mensch wie seine Weine: gradlinig, herzhaft, durchgängig korrekt. Das drückt sich auch indirekt bei seinem wohl besten Rotwein aus, der in seiner Top-Kategorie »Hofgutwein« angesiedelt ist. Die Cuvée heißt »Direttissima« setzt sich immer aus mehreren Sorten wie in 2018 aus Spätburgunder, Zweigelt, Merlot und Syrah zusammen und soll deutlich machen, dass Zimmerle bei der Zusammensetzung flexibel reagiert. Außerdem verbringt er den Winter gern in den Bergen und geht hier am liebsten den direkten Weg hinauf und wieder hinunter, ohne Experimente.

Mit kundenfreundlichen Preisen werden Genießer verwöhnt

Zu Hause in seinen Weinbergen werden die Erträge reduziert. Beim Ausbau im Keller ist Holz inklusive Barriques bei den Rotweinen (teilweise Ganztraubenvergärung) normal. Bei Weiß setzt er auf längere Maischestandzeiten und teilweise Kaltmazeration. Ausgebaut werden die Weine überwiegend trocken. Bei Barrique-Rotweinen ist Zimmerle noch ein Anhänger der alten Deklaration: Cabernet Sauvignon und Merlot werden mit dem Prädikat Auslese offeriert. Hier traut er sich auch im Preis etwas höher zu gehen. Ansonsten werden die Gutsweine, also die Basis, überwiegend konsumentenfreundlich kalkuliert. Wichtig ist der Familie der persönliche Kontakt zu den Kunden. »Wir wollen dabei auch ein bisschen die Remstäler Lebensart vermitteln, inklusive Genuss mit Linsen und Spätzle oder Gaisburger Marsch«, lacht Zimmerle. ■

Im Sommer findet im Hof des stattlichen Weingutes ein Hoffest statt, mit allem Drum und Dran.

WEINGUT IM HOF ARMIN ZIMMERLE

Kleinheppacher Straße 62/1
71384 Weinstadt-Großheppach
Tel. 0 71 51 / 61 07 82
Fax 0 71 51 / 9 94 96 80
info@weingut-im-hof.de
www.weingut-im-hof.de

Gegründet: Frühes 19. Jahrhundert, selbständig seit 1981

Inhaber: Armin Zimmerle

Rebfläche: 4 Hektar

Wichtigste Sorten: Weißburgunder, Grauburgunder, Sauvignon Blanc, Lemberger, Merlot, Zweigelt, Cabernet Sauvignon

Das gehört dazu: Gasthof »Zum Trollinger« mit Gästezimmern, Obstbaubetrieb mit Marktbeschickung in Stuttgart und Welzheim

Bei Wein-Bezeichnungen ist die Fantasie von Markus (links) und David Siegloch förmlich grenzenlos.

Trinkhilfe, Vogelfrei und geiler Stoff

Seinen Ursprung hat das Weingut mit recht ungewöhnlichen Weinen schon vor über hundert Jahren in Bad Cannstatt, als Christian Siegloch, Ururgroßvater der heutigen Winzer, einen Gutsausschank eröffnete. Die überübernächste Generation, Peter Siegloch, lernte die fesche Wengerter-Tochter Birgit Klöpfer aus Winnenden kennen. Das Ergebnis der Ehe waren zwei Söhne: David (1985) und Markus (1987) sowie die 1992 erfolgte Zusammenlegung des Weinbaus im Weingut Siegloch-Klöpfer in Winnenden. Es ging aufwärts mit dem neuen Betrieb, bis 2013 Söhne und Mutter Abschied nehmen mussten von Peter Siegloch, der im Alter von lediglich 53 Jahren verstarb.

Gut, dass David und Markus in dieser kritischen Phase schon bestens ausgebildet waren. Bernhard Ellwanger und Rainer Schnaitmann sowie die Weinbauschule Weinsberg waren die Lehrer von Markus. Hans Haidle, die Weinmanufaktur Untertürkheim sowie der badische Winzer Lothar Schwörer waren die »Wein-Paten« von David, der auch noch die Wein-Hochschule Geisenheim besuchte. Die Weinberge der Familie kannten sie, weil sie den Vater immer wieder unterstützt hatten. Birgit Siegloch gab den Söhnen freie Hand bei den Planungen für eine Zukunft ohne väterliche Begleitung.

Sie reduzierten den Betriebsnamen auf Siegloch, krempelten im Sortiment einiges um, kreierten den Slogan

»Weine wie wir« und verkündeten: »Wir wollen Weine nach unseren Vorstellungen machen und an keine Richtlinien und Regeln gebunden sein.« Das galt auch für die Qualitätsweinprüfung. Um hier nicht mit unkonventionellen Weinen anzuecken, werden sie ohne Prüfnummer verkauft. Neue, kecke Bezeichnungen hielten Einzug. »Nass« steht für Weine, die nicht trocken ausgebaut sind. Diese Bezeichnung findet sich in der Basislinie. Eine eigenständige Serie ist »Trinkhilfe« betitelt, ergänzt durch die Versicherung »Geiler Stoff«.

Spannende Weine, die oft zu Diskussionen anregen

Eine neues Weinduo heißt »DNA« und soll die Handschrift und die Philosophie des Weingutes widerspiegeln. Die weiße Version setzt sich aus Riesling, Müller-Thurgau und Muskateller zusammen, beim Rosé sind Syrah und Frühburgunder die Partner. Die besten Weine des Gutes werden »Vogelfrei« genannt, eine Idee von Davids Frau Angelika. In dieser Kategorie, die geprägt ist vom sehr schonenden Ausbau, gibt es noch die Reserve (»R«) mit Riesling, Lemberger, Cabernet Franc, der roten Cuvée »Aves« (Syrah, Zweigelt) und einem bemerkenswerten Pinot-Sekt, der lang auf der Hefe lag. Insgesamt reicht die Bandbreite von gradlinig, herzhaft und unkompliziert bis hin zu bedeutend, vielschichtig, aufregend und zu Diskussionen anregend. Das komplette Sortiment soll zukünftig in einer neuen Vinothek präsentiert werden In den Reben wirtschaften David und Markus naturnah. Im Keller werden die Weine nach der Spontangärung weitgehend sich selbst überlassen. ■

Viel Wert gelegt wird auf eine Nachbarschaft zwischen dem Weingut und den Reben.

WEINGUT SIEGLOCH

Albertvillerstraße 51
71364 Winnenden
Tel. 0 71 95 / 17 71 20
Fax 0 71 95 / 17 71 37
info@weingut-siegloch.de
www.weingut-siegloch.de

Gegründet: 1911
Inhaber:
David und Markus Siegloch
Rebfläche: 10,5 Hektar
Wichtigste Sorten:
Riesling, Weißburgunder, Sauvignon Blanc, Muskateller, Lemberger, Trollinger, Spätburgunder, Cabernet Franc
Das gehört dazu:
Großzügige Location für Veranstaltungen, Weinstube »Scharfes Eck« in Bad Cannstatt (geöffnet September bis Mai)

Ein stattliches Weingut, das als besonders gastfreundlich von Besuchern gelobt wird und einige ungewöhnliche Wein-Spezialitäten vorweisen kann.

Der Wein-Mops und ein Ort des Zusammenkommens

Kommentare in Internet-Foren können aufschlussreich sein. Was über das Weingut Häußer und seine Weinstube nachzulesen ist, kann besser nicht sein: »Nettes Personal, gutes Essen, sehr guter Wein«, notierte ein Kenneth S., während Markus K. feststellte: »Wir waren alle vollkommen begeistert.« Hausherr Konrad Häußer (Jahrgang 1957) bedankt sich stets für solche Komplimente. Er sieht sein Weingut als »Ort des Zusammenkommens« und schätzt den engen Kundenkontakt – das nun schon rund 40 Jahre. Der gelernte Winzer und Weinbautechniker (Weinsberger Schule) baute den Betrieb mit Ehefrau Martina (1963) auf und freut sich, dass der Nachwuchs mit Christian (1989) als Kellermeister und Carolin (1995), im Vertrieb und Veranstaltungsmanagement aktiv, voll involviert ist.

In den letzten Jahren wurde im Weinberg umgestellt. Ab dem Jahrgang 2021 ist der Betrieb bio-zertifiziert. Die Bio-Umstellung machte sich schon in den Jahrgängen vorher durch eine Qualitätssteigerung bemerkbar. Im Keller passiert nichts Ungewöhnliches: Die Weißweine vergären langsam im Stahl und dürfen bis zu 12 Monate auf der Feinhefe reifen. Die Rotweine machen die klassische Maischegärung durch und werden dann in Stahl oder in gebrauchten kleinen Holzfässern ausgebaut. Bemerkenswert ist die große Auswahl an handgerütteltem Sekt – sogar vom Schillerwein und Gewürztraminer. Die Cuvée von Pinot und Chardonnay brut ist das prickelnde Aushängeschild. Der wichtigste Wein im Sortiment ist der nach Himbeeren duftende, fruchtige und herzhafte Muskat-Trollinger Rosé.

Eine spezielle Edition ist bei den Kunden besonders beliebt

Eine Besonderheit ist die »Edition Mops« mit Sekt, einer roten Cuvée (hauptsächlich Cabernet Sauvignon, Merlot, Lemberger und etwas Trollinger), einer weißen Cuvée, einem Riesling und einem Trollinger aus den besten Trauben eines Jahrgangs, beide im halbtrockenen Bereich angesiedelt. Indirekt wird mit den Weinen die Geschichte des legendären Winnender Mops erzählt, der 1717 mit seinem Herrn Karl Alexander, dem späterem Herzog von Württemberg, in die Türkenschlacht bei Belgrad zog, diesen aus den Augen verlor und dann allein auf seinen kurzen Beinen ins Schloss Winnenthal zurückfand. Hier wurde dem treuen Hund ein Denkmal gesetzt. Treue Kunden greifen gern zu den Mops-Weinen ... ■

Kellermeister Christian Häußer (links) unterstützt Vater Konrad auch bei der Arbeit in den Reben.

WEINGUT HÄUSSER

Heringshalde 1
71364 Winnenden
Tel. 0 71 95 / 7 32 83
info@weingut-haeusser.de
www.weingut-haeusser.de

Gegründet: 1982
Inhaber: Konrad Häußer
Rebfläche: 30 Hektar
Wichtigste Sorten: Riesling, Muskat-Trollinger, Weißburgunder, Lemberger

Das gehört dazu:
Saisonal geöffnete Weinstube

Schön und hilfreich: Das Winzer-Ehepaar pflanzt Rosen an, um Schädlings- und Pilzbefall frühzeitig zu erkennen.

Die Zukunft ist gesichert

Der Gutsname ist ungewöhnlich. Er setzt sich aus Elementen zweier Vornamen zusammen, nämlich Dorothee Wagner-Ellwanger und Andreas Ellwanger (mit dem Geburtsjahrgang 1968 der älteste Sohn von »Altmeister« Jürgen Ellwanger aus Winterbach). Doreas ist das jüngste Weingut in der verzweigten Familie. Dorothee und Andreas (Absolvent der Weinbauschule Weinsberg) lernten sich einst beim Skifahren kennen. Andreas war etliche Jahre für die Kellerwirtschaft im Betrieb von Vater Jürgen verantwortlich. Doch vor 15 Jahren gründete er mit seiner Frau (die Weinbau-Betriebswirtschaft in Heilbronn studierte) im ehemaligen Bauernhof von Dorothees Eltern ein Öko-Weingut mit anfangs nur knapp einem Hektar.

Der Betrieb entwickelte sich sukzessive weiter. Zuletzt konnten Weinkeller und Flaschenlager durch einen Anbau erweitert werden. Bekannt wurde man auch durch originelle, musikalische Wein-Interpretationen, etwa »Ballade« (Gutsweine für den Alltag von Sorten wie Trollinger, Riesling, Spätburgunder). Andere Wortschöpfungen wurden ihnen, obwohl lange Zeit genutzt, zuletzt von einer Pfälzer Großkellerei untersagt. So sind die Weine jetzt ergänzend zu Ballade eingeteilt in Orts- und Lagenweine, Letztere aus den Fluren Berghalde, Klingle, Lichtenberg. Besondere Stärken des Hauses sind der nach Zitrus duftende, saftige Riesling, der verspielte Spätburgunder, ein bezaubernder Muskat-Trollinger-Rosé-Sekt brut und ein sensationell guter Schillerwein. Wenn alle Schiller in Württemberg so gut wären, hätte diese Kategorie keine Image-Probleme ...

Die Jungspunde gingen bei Top-Gütern in die Lehre – da wächst etwas heran!

Gespannt darf man sein, was die neu angebaute Weinsberger Piwi-Kreuzung Sauvitage (Erbanteile von Riesling, Grauburgunder, Sauvignon Blanc) künftig bringt. Um sie kann sich dann schon der Nachwuchs kümmern. Die Söhne Lukas und Simon haben mit einem erstklassigen Chardonnay aus dem Jahrgang 2018 bereits viel Talent bewiesen. Lukas wurde bei Moritz Haidle und den Aldingers ausgebildet und machte während seines Studiums in Geisenheim auch Praktika in Südtirol und Südfrankreich. Zuletzt war er im Weinherbst 2021 bei Keller am Kaiserstuhl tätig. Simon ging in die Lehre bei Schnaitmann und Bernhard Ellwanger, war dann in Neuseeland, anschließend bei Julian Huber im Badischen und zuletzt bei Klaus-Peter Keller in Rheinhessen – alles optimale Stationen. ■

Mit den Söhnen Lukas und Simon steht die nächste Generation bereits in den Startlöchern.

WEINGUT DOREAS

Ernst-Heinkel-Straße 85
73630 Remshalden-Grunbach
Tel. 0 71 51 / 7 55 69
Fax 0 71 51 / 2 06 12 00
info@doreas.de
www.doreas.de

Gegründet: 2007
Inhaber: Andreas Ellwanger und Dorothee Wagner-Ellwanger
Rebfläche: 9,5 Hektar
Wichtigste Sorten: Riesling, Chardonnay, Gewürztraminer, Spätburgunder, Lemberger, Zweigelt, Muskat-Trollinger
Das gehört dazu: Doreas-WeinWanderWeg (6 km), diverse Destillate
Mitgliedschaft: Ecovin

Das Ehepaar Mayerle genießt den sagenhaften Blick auf das Remstal von dem Balkon ihres Weingutes. Es hielt mit dem Flächenzuwachs Schritt und auch die Qualität nahm immer mehr zu.

Erfolgreicher »Import« von der Mosel

Es war der fast klassische Werdegang eines Weingutes in Württemberg. 1971 übernahm Theodor Mayerle (Jahrgang 1952) von seinem Vater einen Gemischtbetrieb mit lediglich 0,5 Hektar Reben. Die Fläche wurde nach und nach erweitert, die Trauben an eine Privatkellerei abgeliefert. Als weitere Reben dazu kamen, war für Theodor und seine Ehefrau Marianne der Zeitpunkt gekommen, den Sprung in die Selbstständigkeit zu wagen. 1995 wurde der einstige Kuh- und Schweinestall zum Weinverkaufsraum umgebaut. Tochter Nina (1982) entschloss sich früh zur Winzerlehre mit Top-Stationen (Jürgen Ellwanger, Aldinger und Haidle), machte dann ein Praktikum in Südafrika und lernte bei der folgenden Ausbildung zur Technikerin für Weinbau und Kellerwirtschaft in Weinsberg von 2002 bis 2004 den gleichaltrigen Moselaner Matthias Greif kennen. Der war danach zwar noch einige Jahre in der Pfalz und im Saarland tätig, aber ab 2011 folgte er dem Ruf aus Remshalden und nahm hier den Familiennamen seiner Ehefrau Nina an.

Gemeinsam haben sie es auf ein ansprechendes Qualitätsniveau gebracht, das schon zu verschiedenen Auszeichnungen bei Wettbewerben und Aufnahme in den Weinführer Gault Millau führte. Mit umweltschonendem Weinbau und einer zurückhaltenden Erntemenge (50 bis 60 l/Ar) wird dafür die Saat gelegt. Hier ist auch noch der rüstige Senior Theodor eingebunden. Und Mutter Marianne sorgt im Weinverkauf dafür, dass der Absatz stimmt. 2016 konnte die Familie ein neues Betriebsgebäude mit Vinothek und Besenwirtschaft einweihen.

Die Rotweine bekommen eine überdurchschnittliche Reifezeit

Zur Kundenbindung wurde eine Rebpatenschaft für Riesling und Samtrot eingeführt. Im Keller werden diverse qualitätsfördernden Standards gepflegt, ergänzt durch Hefelager bei den Weißweinen, Saftabzug bei Rot und Reifung im Holzfass oder in Barriques. Den Rotweinen wird dabei eine überdurchschnittlich lange Reifezeit gegönnt. Aushängeschild ist der Spätburgunder. Bei den Weißweinen sind der hochfarbige, schmelzige Grauburgunder und der saftige, druckvolle Sauvignon Blanc besonders zu empfehlen. Zu den Spezialitäten gehören der Rote Traminer und der feinherbe Muskat-Trollinger Rosé. Eine hauseigene Klassifizierung mit drei Sternen ist für die Kunden ein guter Wegweiser.

2022 erhielt das Weingut die Auszeichnung »Barrierefreiheit geprüft« und steht somit für barrierefreies »Reisen für alle«. ■

Nina Mayerle holte sich als weinbauliche Verstärkung (und Ehemann) den Moselaner Matthias ins Haus.

WEINGUT MAYERLE

Bauersberger Hof 19
73630 Remshalden
Tel. 0 71 51 / 7 34 08
Fax 0 71 51 / 97 76 48
info@weingut-mayerle.de
www.weingut-mayerle.de

Gegründet: 1994
Inhaberin: Nina Mayerle
Rebfläche: 11 Hektar
Wichtigste Sorten:
Riesling, Sauvignon Blanc, Grauburgunder, Lemberger, Spätburgunder, Trollinger

Das gehört dazu:
Weitblick-Besen, Reben-Patenschaften
Mitgliedschaft: FAIR'N GREEN

Die pfiffige Claudia überlegt schon wieder, welchen Namen der Wein von diesen Reben einmal tragen soll ...

Ein Komet namens Claudia ...

Gelegentlich wird sie mit »Frau Sterneisen« angesprochen. Das gibt Claudia Dorn gleich Gelegenheit, ein paar Fakten aus ihrer spannenden Geschichte als Jungwinzerin zu erzählen. Aufgewachsen ist sie in einem Wein- und Obstbaubetrieb, den Bruder Christian Frank als Genossenschaftsmitglied übernommen hat. Die fesche Frau vom Jahrgang 1988 war schon als Kind in der Natur unterwegs und verspürte damals bereits den Drang, hier einmal tätig zu werden. Aber ohne eigene Reben war das nicht denkbar. So ließ sie sich zur Gesundheits- und Krankenpflegerin ausbilden und war danach zwei Jahre im Klinikum Stuttgart tätig.

Dann wurde der Ruf der Natur immer lauter. Also zurück auf die Schulbank, um mit der Basis Fachhochschulreife das Studium der Weinbetriebswirtschaft an der Hochschule Heilbronn aufzunehmen. 2015 war sie damit fertig. Nebenbei hatte sie noch das anspruchsvolle WSET Level 3 bewältigt, um einiges mehr über Wein zu lernen. Weil ihr immer noch die Reben fehlten, arbeitete sie eine Weile im Betrieb ihres Bruders mit. Und dann trat ein Mann in ihr Leben, der sich als Weinfan entpuppte und sie in ihrer Sehnsucht nach einem eigenen Wein bestärkte. Diplom-Kaufmann Hagen Dorn, mit dem sie 2018 vor den Altar trat, arbeitete zwar weiter in seinem angestammten Beruf in der Automobilbranche, war aber wie ihr Bruder Christian und Vater Hermann beim Start hilfreich. Mutter Lore

Volles Vertrauen: Der traditionelle Naturkorken wird hier noch geschätzt.

Mit Leidenschaft und Können als Zutaten entstehen Weine mit Strahlkraft.

befasste sich unter anderem mit Laubarbeiten und dem Etikettieren.

Erst 2017 erfolgte der offizielle Startschuss der Seiteneinsteigerin

Mit einem halben Hektar startete sie im Jahrgang 2016 in einer Garage und konnte dabei die Maschinen der Familie nutzen. Investiert werden musste in Tanks, Fässer und Presse. Die offizielle Eröffnung des Mini-Weingutes fand im September 2017 statt. »Das geschah aus Weinverrücktheit, Leidenschaft und Faszination für das Thema Wein und Aromen«, erinnert sich das Temperamentsbündel. Der erste öffentliche Auftritt beim »Fellbacher Weintreff« im Februar 2018 war gleich erfolgreich. Claudia und Hagen fielen mit ihren überzeugenden Weinen und deren Bezeichnungen wie »Herkunft« (Riesling), »Heimat« (Lemberger) sowie »Tradition« (Trollinger) bei Fachnasen positiv auf. Das ermutigte, weiter zu machen, Fläche zu pachten und zu kaufen. Darunter befand sich eine Flur, in der früher der Großvater Reben bewirtschaftet hatte: Die Lage Sterneisen hatte sie schon vorher dazu inspiriert, das Weingut so zu benennen. Heute ist die kleine Fläche Teil der Lage Grunbacher Klingle, in dem eine Reihe Remstäler Betriebe Besitz haben.

Das Start-up-Weingut macht schon durch seine Erntemenge deutlich, dass Besonderes angestrebt wird: Im Schnitt sind es nur 50 hl/ha. Bei den Weißweinen wird je nach Sorte Ganztraubenpressung oder Abbeeren mit kurzen Maischestandzeiten mit anschließender Vergärung im Stahl und teilweise im Eichenfass gepflegt. Die Rotweine liegen nach der Maischegärung mehrheitlich im Holzfass. Auf Filtration wird verzichtet. Alles soll Claudias Slogan entsprechen: »Schlägt ein wie ein Komet«. Sie will sich stets weiterentwickeln, wagt sich auch ran an Experimente wie den prickelnden »Pet Nat« und kann inzwischen zwei Jahrgänge Chenin Blanc (der Erste in Württemberg) vorweisen, der gradlinig und komplex ausfällt und von einer markanten Säure geprägt wird. »Wagnis« ist ein passender Name. Der kräuterig-würzige Sauvignon Blanc (»Weltenbummler«) ist neben dem zupackenden Riesling ein weißes Aushängeschild. Bei Rot gibt es mit der Cuvée »Dickhäuter«, dem Lemberger und dem Shiraz (»Zukunft«) ein prächtiges Trio. Wenn es so weiter geht und ihr Ruf weit über das Remstal hinaus ertönt, ist nicht auszuschließen, dass eines Tages ein Komet nach »Claudia« benannt wird … ■

Eine gerade flott neu gestaltete Heimat für ein junges Weingut, das großartig durchgestartet ist.

Auch ungewöhnliche Sorten wie Chenin Blanc gehören zur Kollektion – und natürlich ein trendiger, herrlich saftiger Rosé.

Am Telefon meldet sich »Claudi«. Ihr Familienname ist Dorn, nicht Sterneisen. So heißt stattdessen eine Flur in ihren Reben.

WEINGUT STERNEISEN

Mühlstraße 10

73630 Remshalden

Tel. 0176 / 38 64 15 41

info@weingut-sterneisen.de

www.weingut-sterneisen.de

Gegründet: 2017

Inhaberin: Claudia Dorn

Rebfläche: 3,3 Hektar

Wichtigste Sorten:
Riesling, Lemberger, Trollinger, Grauburgunder, Sauvignon Blanc, Merlot

Das gehört dazu:
Ab-Hof-Verkauf gleich um die Ecke: Am Hirsch 1

In dem Fachwerkbau ist unter anderem die Vinothek des Weingutes untergebracht. Der Keller wurde vor einigen Jahren neu gebaut, womit die Zeit der Engpässe vorbei war.

Seriensieger mit »Schmuggelware« aus Österreich

Drei Wengerter-Familien feierten 2014 ein bemerkenswertes Jubiläum: 500 Jahre Ellwanger. Erinnert wurde dabei an Nikodemus Ellwanger, der nicht nur Winzer, sondern auch Bürgermeister in Großheppach war und geschichtsträchtig wurde, weil er 1514 Aufständischen, die sich gegen ungerechte Steuern wehrten, das Tor des Schorndorfer Gefängnisses öffnete. Etliche Generationen später war in Winterbach ein anderer Ellwanger am Werk, der ebenfalls nicht immer ganz regelkonform tätig war, dennoch schon in den Achtzigerjahren des letzten Jahrhunderts den Namen besonders bekannt machte. Jürgen Ellwanger (Jahrgang 1941) widmete auch eine rote Barrique-Cuvée (in der Regel Cabernet, Lemberger, Merlot) dem mutigen Vorfahren Nikodemus.

Jürgen, der rüstige Senior des Hauses, wagte sich früh an den Ausbau in Barriques

Das Weingut wurde 1949 von Vater Gottlieb gegründet. Zuvor war die Familie Mitglied der Remstalkellerei und Gottliebs Vater Johannes sogar deren Mitbegründer. In der Selbstständigkeit fühlten sich Jürgen, der in den Siebzigerjahren die Regie im Keller übernahm, und sein Senior sehr wohl. Geschmacklich fielen sie mit gradlinigen, durchgegorenen Weinen auf.

Der Rotwein wurde nach dem früheren Bürgermeister Großheppachs, Nikodemus Ellwanger, benannt.

Vater und Söhne: Jörg (links) ist der Weinmacher, Felix (rechts) sorgt für die Vermarktung.

1986 wurde Jürgen Ellwanger zum Gründungsmitglied der kleinen Gruppe »HADES – Neues Eichenholzfass«, die sich intensiv mit Barrique-Ausbau befasste und nach einer Lernphase immer bessere Weine erzeugte. Heute liegen im Keller zahlreiche kleine Fässer und Junior Jörg (Jahrgang 1969) ist als Verantwortlicher für den Ausbau ein Routinier im Umgang mit Barriques. Er und sein an der Verkaufsfront stehender Bruder Felix (1983) sind dem Vater auch dankbar, dass er einst verbotswidrig die damals noch nicht zugelassene Kreuzung Zweigelt (Blaufränkisch x St. Laurent) aus Österreich einschmuggelte, nachdem sie ihm Kollegen in Austria empfohlen hatten. Die ersten Setzlinge wurden im Winter im Pkw über die Grenze gebracht. Die Genehmigung zum Versuchsanbau wurde nicht verwehrt, weil auch die Remstalkellerei Zweigelt anbauen wollte. Später wurde das Weingut mit dieser Sorte zum Seriensieger in der Kategorie Neuzüchtungen beim Deutschen Rotweinpreis des Magazins Vinum. Das belohnten die Macher der Zeitschrift mit der Auszeichnung »Roter Riese« für Senior Jürgen Ellwanger, gewissermaßen als Lohn für sein Lebenswerk.

Auch mit Lemberger und Spätburgunder als Große Gewächse setzt man jedes Jahr Maßstäbe und ist Stammgast im Finale des Rotweinpreises. Und verachtet mir den Trollinger nicht! Der »Purpur« macht richtig Spaß. Mit Sorten wie Riesling, Grauburgunder, Weißburgunder und dem feinwürzigen »Spaßwein« Sauvignon Blanc ist man ebenfalls erfolgreich unterwegs. Die Weine liegen lang auf der Hefe und werden teilweise in Holzfässern ausgebaut. Ein verrückter Wein ist der im Mini-Barrique (125 l) ausgebaute »Oxygène« (Sauerstoff). Die Sorte Johanniter aus zwei Jahrgängen wird weitgehend oxidativ ausgebaut. Der Wein liegt zwei Monate auf der Maische, das Ergebnis duftet nach Orangenschale, ist sehr komplex und von reifen Gerbstoffen geprägt.

In solchen kleinen, malerischen Häuschen im Weinberg sind vor allem Gerätschaften untergebracht.

Mit einem Ellwanger-Schild wird in den Reben signalisiert: Hier entsteht erstklassiges Traubenmaterial.

Der Senior hat sich längst zurückgezogen. Er weiß, dass Felix ein Super-Repräsentant des Betriebes und der Ausbau bei Weinbautechniker Jörg in guten Händen ist. Der Junior, der bei Kistenmacher-Hengerer und dem Schlossgut Hohenbeilstein lernte und ein Praktikum in Kanada absolvierte, ist seit 1997 zu Hause aktiv. Vor einigen Jahren wurde der Keller erweitert, um dem sanften Wachstum bei der Rebfläche Rechnung zu tragen. Im Weinberg installierte man ein hochtechnisiertes Bewässerungssystem, damit die Reben optimal versorgt werden. »In unserer Familie wird eben Pioniergeist großgeschrieben«, meint Jörg Ellwanger. Sein Motto im Keller ist Zurückhaltung: »Wein verhält sich wie ein Edelstein, je mehr daran geschliffen wird, desto weniger ist er wert.« ■

Sie verstehen sich glänzend und wissen, mit welchen Weinen man in die Erfolgsspur kommt: Die tatkräftigen Brüder Felix (links) und Jörg Ellwanger.

WEINGUT JÜRGEN ELLWANGER

Bachstraße 21
73650 Winterbach
Tel. 0 71 81 / 4 45 25
Fax 0 71 81 / 4 61 28
info@weingut-ellwanger.de
www.weingut-ellwanger.de

Gegründet: 1949

Inhaber:
Jörg und Felix Ellwanger

Rebfläche: 26 Hektar

Wichtigste Sorten:
Riesling, Weißburgunder, Grauburgunder, Lemberger, Zweigelt, Trollinger

Mitgliedschaft: VDP, HADES

Trotzdem er nur wenig Rebfläche hat, oder gerade deswegen, nimmt es Oliver Frick bei der Pflege seiner Weingärten sehr genau.

Garagenwinzer im Nebenerwerb

Er nennt sich, durchaus mit Stolz in der Stimme, »Garagenwinzer« und ist sich gewiss, dass er mit seiner Größe von nicht mal einem Hektar der kleinste selbstvermarktende Weinbaubetrieb im Remstal ist. Die Erntemengen von Oliver Frick (Jahrgang 1966) sind zwangsläufig gering mit nur wenigen tausend Liter im Jahr. Aber davon muss er nicht leben. Hauptberuflich ist er Qualitäts-Ingenieur im Lieferanten-Management (E-Mobilität) eines großen süddeutschen Automobilherstellers.

Mit dem Weinbau begann er vor knapp 25 Jahren, als er seinen ersten Weinberg mit Zweigelt anlegte. Der Vater eines Freundes zeigte ihm, wie das geht. Ansonsten erwarb er sich das notwendige Weinwissen autodidaktisch, durch „learning by doing" und durch die Unterstützung von Weinfreunden aus einem gut funktionierenden Netzwerk. Von Anfang an war Frick experimentierfreudig und auch kompromisslos. Sein Motto lautete von Anfang an: »Wenn du einen so kleinen Betrieb hast, darf man getrost etwas polarisieren.« Aber das war offenbar nicht sehr extrem der Fall, weil er bald Nachfrage verspürte (sogar im Fachhandel) und so veranlasst war, das Rebensortiment mit der Zeit zu erweitern. Wachstum ist allerdings nicht angedacht. »Darunter würde mein Hauptjob leiden«, ist er sich gewiss.

Der Weinbau wird im Nebengewerbe betrieben, aber das mit viel Begeisterung

Beim Ausbau hat der Genießer und Mountainbike-Fan feste Kriterien. Die Roten werden nach langer Maischestandzeit zwei Jahre in Barriques ausgebaut, die Weißweine landen in Edelstahl. Alle Ergebnisse dürfen jedes Jahr etwas anders schmecken. »Grundsätzlich mag ich kantige Weine«, gesteht er. Man kann seinen Weinen auch attestieren, dass sie saftig, würzig, stimmig sind und durchaus Sortencharakter haben. Mancher »hauptamtliche« Wengerter wäre froh über sein Niveau. Besondere Stärken sind der Jahr für Jahr stattliche, im Geschmack geschmeidige Zweigelt, genannt »Philosophie« und der Syrah »Finesse«. Neuerdings hat er wieder einen Trollinger-Wengert, den ihm ein Bekannter förmlich aufdrängte. Eigentlich wollte er auf dieser Flur Cabernet Franc pflanzen. Doch dann dachte er daran, dass zum Wurstsalat nichts besser schmeckt als ein auf der Maische vergorener »Trolli«... ■

Mit seinen roten Sorten kann der »Mini-Winzer« nach autodidaktischer Ausbildung Furore machen.

WEINBAU FRICK

Schillerstraße 64
73614 Schorndorf
Tel. 0 71 81 / 9 94 34 12
info@weinbau-frick.de
www.weinbau-frick.de

Gegründet: 1998
Inhaber: Oliver Frick
Rebfläche: 0,7 Hektar

Wichtigste Sorten:
Zweigelt, Spätburgunder, Syrah, Trollinger, Grauburgunder, Weißburgunder

Das gehört dazu:
Kleines Sortiment an Bränden

Die steilen Fluren im Cannstatter Zuckerle sind für Winzer alles andere als ein Zuckerschlecken. Aber die Ergebnisse sind lohnend.

Weinmachen mit Idealismus und Leidenschaft

Christian Ambach war schon in der Schulzeit lieber im Weinberg und gibt deshalb zu, dass er »das Abitur mit Ach und Krach geschafft« hat. Dabei war der Wein früher in der Familie schon Generationen lang eher Nebenerwerb. Den ersten eigenen Jahrgang brachte er 2010 ein, was ihn so richtig befeuerte. Mit dem Segen von Vater Ernst (Jahrgang 1950) konnte der Jungwinzer vom Jahrgang 1983 die Fläche erweitern, sodass er seit 2019 komplett davon leben kann und zuletzt sogar mit dem Neubau eines Betriebsgebäudes startete. Die Basis für eine gute Entwicklung wurde gelegt durch die Lehrzeit bei zwei Top-Betrieben: Aldinger und Haidle (»Das waren tolle Erfahrungen!«). Es folgte ein Auslandspraktikum beim renommierten Weingut Höfstätter in Tramin (Südtirol) sowie die Ausbildung zum Weinbautechniker auf der Weinbauschule Weinsberg. In dieser Zeit wurde er Bundessieger im Berufswettbewerb der deutschen Landjugend, Sparte Weinbau (2007). Danach war er bis zum Fulltime-Job im eigenen Betrieb Teilzeit-Mitarbeiter bei Markus Heid.

Weinbau betreibt Ambach in den steilen Lagen des Cannstatter Zuckerles. »Das ist nicht nur viel Arbeit, sondern erfordert auch Idealismus und Leidenschaft«, meint er dazu. Auf diesem Feld will er in Zukunft mehr auf Piwis setzen. »Diese Sorten bringen enorme Vorteile in punkto Nachhaltigkeit, sie liefern für den Weingenießer sehr interessante Ergebnisse.« Demonstriert wird das schon mit der Prior-Rebe, die einen nach Waldbeeren duftenden, saftig-gradlinigen Rotwein ergibt.

Bei den Rotweinsorten ist das Angebot besonders vielseitig – und gut

Riesling ist die Hauptsorte mit knapp 40 Prozent Flächenanteil; dieser Bereich soll die nächsten Jahre noch wachsen. Ansonsten spielt er gern die rote Karte aus mit der straffen, würzigen, nach Kräutern und Paprika duftenden roten Cuvée »Hitzig« aus Cabernet Sauvignon, Cabernet Mitos und Lemberger (ein Vorgänger aus 2012 ist heute noch in sehr guter Form). Zur roten Kollektion gehört außerdem ein stimmiger Zweigelt mit einem Hauch Flieder im Aroma und reifen Tanninen (»mein Steckenpferd«). Nicht fehlen darf im Sortiment der Klassiker Trollinger, dem alte Reben zusätzliche Struktur verleihen. Ein süffiger Rosé bildet als »einfacher Trinkwein« eine mehr als solide, preiswerte Basis.

Christian Ambach ist sehr stolz auf das, was er in die Flasche bringt.

WEINBAU AMBACH

Hanfäcker 2
70378 Stuttgart-Mühlhausen
Tel. 0174 / 9 69 06 41
wein.ambach@gmx.de
www.wein-ambach.de

Gegründet: 1973

Inhaber: Christian Ambach

Rebfläche: 2 Hektar

Wichtigste Sorten:
Riesling, Trollinger, Cabernet Sauvignon, Prior, Lemberger, Zweigelt

Das gehört dazu:
Obst- und Ackerbau, Planwagenfahrten durch die Reben

Der Betrieb am Stuttgarter Rotenberg mit Verkauf und Lager schmiegt sich richtig anmutig an die Reben an.

»Collegen«, die gemeinsam viel bewegen

Sie waren qualitativ gut unterwegs, aber zu klein, um auf Dauer am Markt zu bestehen. So beschloss die oberste Heeresleitung der beiden Genossenschaften aus den Stuttgarter Stadtteilen Rotenberg (damals 58 Hektar) und Uhlbach (64 Hektar) mit Zustimmung der Mitglieder 2007 eine Fusion. Dafür musste ein griffiger Name gefunden werden. Auf neutralem Boden fiel die Wahl schließlich auf Collegium Wirtemberg. Das war im

Ländle vielleicht etwas gewagt, aber durchaus zu begründen.

»Wirtemberg« wurde schon anno 1092 im Zusammenhang mit einer Burg am Rande des heutigen Stadtteils Rotenberg, das auf dem Württemberg liegt, erstmals genannt. Außerdem reimte kein Geringerer als Friedrich von Schiller: »Ein Wirtemberger ohne Wein, kann der ein Wirtemberger sein?« »Collegium« erklärt der gebürtige Uhlbacher Martin Kurrle, dem damals die Leitung des Betriebes übertragen wurde, so: »Das Wort steht für unsere Überzeugung, gemeinsam unglaublich viel bewegen zu können.« Das bedeutet auch, dass man agiert wie ein großes, familiär geführtes Weingut.

Kurrle, vorher seit 1993 Chef der 1936 gegründeten Rotenberger Genossenschaft, war lange Zeit so etwas wie der rastlose »Mann an der Front«, der unter anderem dafür sorgte, dass die Collegium-Weine in zahlreichen renommierten Restaurants in der Region und in etlichen gut sortierten Weinhandlungen zu finden sind. Er

Der erfahrene Kellermeister Thomas Eckard kontrolliert akribisch die Entwicklung der Weine.

Einer aus der Führungsmannschaft: Vorstandsmitglied und Winzer Mathieu Bubeck.

konnte stets auf ein engagiertes Team setzen, zu dem sogar eine ehemalige Königin gehört: Petra Hammer, Wein-Queen Württembergs (2011/2012), ist eine wichtige Ansprechpartnerin für die Kundschaft und leitet oft die zahlreichen Weinproben des Collegiums. Sie musste sich, wie Mitarbeiter und Vorstand, im Juli 2022 überraschen lassen, da sich Martin Kurrle dazu entschloss, die Neuorientierung der großen Remstalkellerei ab 2023 in leitender Funktion, aber weniger unter Strom stehend, zu begleiten. Dem Collegium bleibt er als Mitglied erhalten, seine eigene Rebfläche hat er an einen »Collegen« verpachtet. Eine Interimslösung für die nächste Zeit ist die Aufteilung der Aufgaben in der Vorstandschaft und die Unterstützung durch einen Teilzeit-Geschäftsführer des Genossenschaftsverbandes. Der langjährige Chef wurde würdig verabschiedet.

In den Reben nimmt das Thema Nachhaltigkeit zunehmend Einfluss auf die Arbeit. So wurde zum Beispiel die Piwi-Sorte Souvignier Gris gepflanzt. Zu diesem Programm gehört auch, dass die Betriebsabläufe im Hinblick auf nachhaltiges Arbeiten optimiert wurden. Die Rebfläche wuchs durch die Aufnahme kleinerer, vorher selbstständiger Weingüter von einst gut 120 Hektar auf 150 Hektar.

Wer für Friedrich von Schiller kein richtiger Württemberger war

Für gute bis sehr gute Qualitäten ist der Keller in Uhlbach bestens ausgestattet. Kellermeister Thomas Eckard ist ein erfahrener Profi, der bei Weiß meist schonende Mostvorklärung, kontrollierte, gekühlte Gärführung und

Etliche Barriques tragen dazu bei, dass der Betrieb exzellente Rotweine zu bieten hat.

Nicht nur Fans guter Weine freuen sich über die Rotweintrauben.

Lagerung auf der Feinhefe praktiziert. Spitzenweine bekommen ihre letzte Reife im Holz. Bei Rot wird Maischegärung durchgeführt, ebenso der biologische Säureabbau, mehrmonatiges Lager auf der Feinhefe und – für die hochwertigen Gewächse – ein Ausbau in Barriques.

Zum Sortiment gehören natürlich auch jede Menge gut geratene Basisweine (inklusive Literflasche). Die besten Weine sind unter »Kult Réserve« eingereiht. Einige der hier angesiedelten Rotweine waren schon mehrfach beim Deutschen Rotweinpreis ganz vorn dabei. Aushängeschilder sind die gut gereiften Réserven von Spätburgunder, Lemberger, Merlot, die Cuvée Wirtemberg und die mächtige Grande Cuvée. Bei Weiß sind vor allem Weißburgunder, Sauvignon Blanc, Chardonnay und der Riesling in verschiedenen Versionen zu beachten. ■

Eine malerische Landschaft, in der die kleine, feine Genossenschaft mit Mitgliedern aus Rotenberg und Uhlbach zu Hause ist.

COLLEGIUM WIRTEMBERG

Kelter Rotenberg
Württembergstraße 230
70327 Stuttgart-Rotenberg

Kelter Uhlbach
Uhlbacher Straße 221
70329 Stuttgart-Uhlbach

Tel. 07 11 / 32 77 75 80

Fax 07 11 / 3 27 77 58 50

info@collegium-wirtemberg.de
www.collegium-wirtemberg.de

Gegründet: 2007

Eigentümer-Mitglieder: 210

Kellermeister: Thomas Eckard

Rebfläche: 150 Hektar

Wichtigste Sorten:
Trollinger, Lemberger, Spätburgunder, Merlot, Riesling, Weißburgunder, Kerner

Das gehört dazu:
Weingenusserlebnisse in der Uhlbacher und Rotenberger Kelter

Auch der Umgang mit einem Laubschneider gehört zu den Aufgaben der Winzerin.

Christel lässt es gern prickeln

Was 1973 in Stuttgart geschah, war nicht ganz so bedeutend wie das, was im gleichen Jahr in Deutschland eingeführt wurde, nämlich die Notrufnummern 110 und 112. Aber immerhin sollte die Tätigkeit eines jungen Vaters in Folge manche Genießer aus einer Notsituation retten: Fritz Currle (Jahrgang 1945) lieferte nicht mehr wie seine Vorfahren seine Trauben an die Ortsgenossenschaft ab, sondern gründete ein Weingut, das sich bald eines guten Kundenstammes erfreute, weil die Weine für eine gute Stimmung sorgten. Und der Winzer selbst sorgte bald dafür, dass sich zumindest eine von drei Schwestern für die spätere Nachfolge bereit machte. Christel Sophie Currle

(Jahrgang 1970) bestand die Winzerprüfung als Zwanzigjährige und setzte ihre Ausbildung fort mit den Abschlüssen als Betriebsleiterassistentin (1991) und staatliche Technikerin für Weinbau und Kellerwirtschaft in Weinsberg (1995). Praktika in Neuseeland, Italien und Südafrika waren wichtig für die weitere Fortbildung.

Ein Geheimtipp ist ein verspielter Sekt von einer pikanten Aromasorte

Das Weingut, das sich in Frauenhand weiter positiv entwickelte, aber bei der Rebfläche keine Vergrößerung anstrebte, hat als Zielsetzung »Genuss pur im Glas«. Die Kundschaft honoriert es: Rund 70 Prozent der Weine werden ab Hof verkauft. Die Umbenennung in Wein- und Sektgut hat einen besonderen Hintergrund. Christel Currle bevorzugt alles, was prickelt. Die Sekterzeugung im klassischen Verfahren (»Meine große Leidenschaft«, gesteht sie) findet im eigenen Betrieb statt. Der prickelnde Muskat-Trollinger ist eine besondere Spezialität. Wer verkostet, bekommt einen delikaten, feinmaschigen, verspielt anmutenden Sekt ins Glas. Beim Sekt-Grundwein wird immer wieder mal vorsichtig mit Holz gespielt. Bei den Weinen überzeugt sie mit gradlinigem Riesling und vor allem mit Rotwein. Der Lemberger aus dem Götzenberg hat das sortentypische Brombeer-Aroma und ist facettenreich, komplex, lang im Abgang. Der Syrah fällt richtig pfeffrig und saftig aus, braucht aber Zeit, bis er sich voll entwickelt. ■

Vater Fritz legte den Grundstein für das Stuttgarter Weingut, Tochter Christel Currle entwickelte es gekonnt weiter.

WEIN- UND SEKTGUT CHRISTEL CURRLE

Tiroler Straße 17
70329 Stuttgart-Uhlbach
Tel. 07 11 / 34 27 17 33
Fax 07 11 / 34 27 17 34
info@weingut-currle.de
www.weingut-currle.de

Gegründet: 1973
Inhaberin: Christel Currle
Rebfläche: 6 Hektar

Wichtigste Sorten:
Riesling, Kerner, Weißburgunder, Grauburgunder, Spätburgunder, Lemberger, Trollinger, Merlot, Syrah

Beim Wein ist Winzer Mayer im positiven Sinne konservativ. Besondere Spezialitäten dürfen lange in Holzfässern reifen.

Traditionalist im positiven Sinn

Den Namen Mayer verbinden viele Genießer im Großraum Stuttgart mit dem »Jägerhof«. Das ist die zum Weingut gehörende Weinstube, die Eugen und Frieda Mayer 1926 als neuen Stammsitz ihres landwirtschaftlichen Betriebes erwarben und zu einem Refugium für regionale Küche, guten Wein und schwäbische Gastlichkeit machten. Ihren Namen bekam sie, weil hier die Cannstatter Jäger ihren Stammtisch hatten. Seit 1996 ist die übernächste Generation mit Peter Mayer (Jahrgang 1959) am Ruder, unterstützt von Gattin Kerstin und Sohn Luis sowie den Senioren Elisabeth (1936) und Otto (1931).

Als Winzer ist Peter Mayer im positiven Sinne ein Traditionalist. Er legte nie Wert auf stattliche Ernten; die Erträge liegen im Schnitt der letzten Jahre bei knapp 70 hl/ha. Beim Rotwein wird grundsätzlich Maischegärung praktiziert, im Überschwalltank in offenen Bütten. Die

Trauben werden vorher entrappt. Der biologische Säureabbau erfolgt in Edelstahl, danach landen die Weine entweder im Holzfass oder in Barriques, wo sie bis zu 24 Monate reifen können. Bei den Weißweinen legt er Wert auf schnelle Traubenverarbeitung mit Entrappung, dann einem langen Feinhefelager und teilweise Ausbau im Holz. Auch hier spielt der Faktor Zeit eine wichtige Rolle. »Eine übereilte Vermarktung ist nicht unsere Sache«, macht der Cannstatter klar. Dabei zeigt sich dann, dass die Weine gute Alterungsreserven haben. Von den besten Weinen wird ein Teil zurückgehalten und nach einigen Jahren als »Schatzkammerwein« vermarktet. Außerdem kann das Weingut schon seit 1983 Sekt aus klassischer Flaschengärung vorweisen.

Die Erntemengen sind zu Gunsten der Qualität recht maßvoll

Was im Zusammenhang mit der durchgängig guten Weinqualität erfreulich für die Konsumenten ist, sind die humanen Preise. Im niedrigen Preissegment angesiedelt sind zum Beispiel der nach Waldbeeren duftende, herzhaft-saftige Lemberger »Tradition« und der klassische, gradlinige Trollinger aus der Edition »Schwaben« – Letzterer ist übrigens ein idealer Begleiter zu den Leibspeisen des Ehepaares (Linsen mit Spätzle, Kalbsnieren). Aushängeschilder sind unter anderem die zwei Cuvées Roter bzw. Weißer TURM. Die weiße Version ist fest strukturiert und angenehm würzig. Der Rotwein gefällt mit zarter Frucht und reifen Tanninen. Weine wie diese erzeugt Mayer nur in sehr guten Jahrgängen. Diverse Brände, Traubensaft und Secco runden das Sortiment ab. ■

Die Weinstube »Jägerhof« und im Sommer die Gartenwirtschaft gehören zum Weingut.

WEINGUT PETER MAYER

Am Wolfersberg 17
70376 Stuttgart-Bad Cannstatt
Tel. 07 11 / 54 43 04
Fax 07 11 / 54 72 10
Mobil 0172 / 6 32 83 19
info@jaegerhof-mayer.de
www.jaegerhof-mayer.de

Gegründet: 1962

Inhaber: Peter Mayer

Rebfläche: 2 Hektar

Wichtigste Sorten:
Trollinger, Riesling, Spätburgunder, Kerner, Lemberger

Das gehört dazu:
Weinstube Jägerhof

Eine Kunst für sich: Reben in so einer terrassierten Steillage anzubauen, benötigt besonderes Geschick.

Oma und Opa steckten an

Die Großeltern hatten bereits einen Weinberg in Ölbronn nahe Maulbronn, aus dem sie Wein für den Eigenverbrauch und für gute Freunde herausholten. Da dies in manchen Jahren bis zu 1000 Liter waren (gekeltert in der Waschküche), ist davon auszugehen, dass Wein in der Familie Dinter durchaus Bedeutung hatte und Enkel Maximilian sich von der Schaffenskraft von Oma und Opa anstecken ließ. Deshalb beschloss der junge Mann (Jahrgang 1991) Winzer zu werden. Nicht einfach so, sondern mit gründlicher Ausbildung im Staatsweingut Meersburg und bei Graf Adelmann sowie absolvierten Praktika in der Pfalz und in Württemberg. In der Weinbauschule Weinsberg avancierte er zum Weinbautechniker und war damit gerüstet für den Start im Jahr 2017.

Begonnen wurde mit lediglich 0,3 Hektar und der Ankündigung, er wolle durchstarten. Stimmt auch irgendwie, denn inzwischen ist die Rebfläche in Steil- und Terrassenlagen deutlich gewachsen. Maximilian ist froh, dass ihm Ehefrau Sonja bei allen Arbeiten vom Weinberg bis zum Verkauf beisteht. »Wir müssen alles händisch bearbeiten, mit Maschinen ist da nichts zu machen«, erzählt er. Deshalb heißen Riesling und Trollinger auch »Hand und Fuß«. Im Keller stehen Stahltanks für die Weißweine und auch Barriques für die Rotweine, die vorher klassisch auf der Maische vergoren werden. Sogar der Trollinger wird ins kleine Eichenfass gelegt und hier zum eleganten, richtigen Rotwein mit Aromen von Vanille und Zimt. Beim Deutschen Rotweinpreis 2021 war er damit immerhin im Finale vertreten.

Ein feiner Muscaris-Sekt ergänzt inzwischen das Sortiment

Als wichtigster Wein hat sich der geschliffene, mineralische Riesling herauskristallisiert. Stolz ist Maximilian außerdem auf den saftigen Muskat-Trollinger, während Sonjas Favorit die halbtrockene Cuvée »best of« von Müller-Thurgau und Riesling ist. Secco gibt es außerdem noch, ebenso eine Weißwein-Schorle in der kleinen Flasche (0,33 l). Und 2022 wird ein Muscaris-Sekt aus traditioneller Flaschengärung das Sortiment ergänzen. Ein junger Mann geht seinen Weg... vorläufig noch im Nebenerwerb. Hauptberuflich ist er mit eingeschränkter Zeit aktuell Mitarbeiter in einem Weingut, die Ehefrau ist in der Bürokommunikation aktiv. ■

Auf Basis einer gründlichen Ausbildung kann Maximilian Dinter sein Talent immer mehr ausspielen.

MAXWEIN

Im Fritzen 32
73733 Esslingen/Sulzgries
Tel. 0173 / 8 80 66 15
info@max-wein.com
www.max-wein.com

Gegründet: 2017
Inhaber: Maximilian Dinter
Rebfläche: 1,2 Hektar

Wichtigste Sorten:
Riesling, Cabernet Blanc, Trollinger, Lemberger, Muskat-Trollinger

Bei renommierten Weingütern hat Fabian Rajtschan gelernt, wie bedeutende Weine entstehen.

Postleitzahl mit Qualität

Eine Postleitzahl als Weingutsname, darauf muss man erst mal kommen. Der pfiffige Fabian Rajtschan (Jahrgang 1986) wollte damit vermeiden, dass sein Name zu oft falsch geschrieben wird (»zu kompliziert, auch Buchstabieren hilft wenig«). Zudem verschaffte er sich damit einen gewissen Aufmerksamkeitswert, als er 2011 mit der geringen Rebfläche der Eltern (lediglich 0,5 Hektar) ein richtiges Weingut gründete und damit recht schnell durchstarten konnte. Was nicht weiter wunderte nach der vorherigen Mitarbeit in renommierten Weingütern wie Bernhard Huber im Badischen, Aldinger in Fellbach und Heymann-Löwenstein an der Mosel sowie einem Praktikum in Kalifornien bei Opus One, im Zusammenhang mit dem Studium in Geisenheim. Eine Nebentätigkeit hat er zudem mit einer Anstellung bei der Familienkellerei Kern, wo er auch seine eigenen Weine vinifizieren kann. »Hier habe ich neueste Technik und vor allem viel mehr Platz für Barriques und Edelstahltanks als im elterlichen Betrieb in Feuerbach«, erläutert er diese nicht selbstverständliche Konstellation.

In den Reben ist Handarbeit und auch Leidenschaft angesagt

Aber er legt Wert auf die Feststellung, dass die Grundlage für die Qualität seiner Weine die Weinberge in Stuttgart-Feuerbach sind und hier reichlich Handarbeit angesagt ist, die schon beim Ausdünnen beginnt: Im Schnitt erntet er nur 50 Liter/Ar. Hilfestellung gibt dabei, wenn nötig, Senior Manfred (Jahrgang 1957), »der Herr über Motorsense und Trockenmauerbaumeister«. Er selbst will »eine Prise Leidenschaft« einbringen, sodass Weine mit Struktur, Geschmack und eigenständigem Charakter entstehen.

Bei den Rotweinen spielen ausdauernde Maischegärung und Ausbau in Barriques eine wichtige Rolle. Drei Jahre Reifezeit sind für Dornfelder, Lemberger und die Cuvée »Bodenschätzle« das Mindestmaß, nur der ungewöhnlich komplexe Trollinger kommt früher in die Flasche. Bei den Weißweinen ist nicht der Riesling die Vorzeigesorte, sondern mehr der Kerner in trockener Version, der hier herzerfrischend und knackig gerät und mit seiner kräuterigen Würze im Aroma auch die Nase begeistert. Mit dem Jahrgang 2021 stand eine Änderung bei Weiß an: Spontane Vergärung und dann Feinhefe- oder Vollhefelager bis zur Füllung. Man darf gespannt sein … ■

Fabian Rajtschan pflanzt in seinem Weinberg eine neue Rebe.

70469R!

Weinbau Fabian Rajtschan
Schenkensteinstraße 20
70469 Stuttgart-Feuerbach
Tel. 07 11 / 12 29 53 85
info@70469r.de
www.70469r.de

Gegründet: 2011
Inhaber: Fabian Rajtschan
Rebfläche: 5 Hektar
Wichtigste Sorten:
Riesling, Weißburgunder, Chardonnay, Kerner, Trollinger, Lemberger, Cabernet Franc

Das gehört dazu:
Besenwirtschaft dr'Emil (Öffnung Februar und November)
Mitgliedschaft:
Wein.im.Puls – Junges Württemberg

Ein ambitioniertes Geschwister-Duo: Ludwig Schwarz und Schwester Stefanie, die vor einigen Jahren Württembergs Weinkönigin war.

Der Lemberger als »Local Hero«

Beim Besuch vor einigen Jahren wurde schon festgestellt, dass man bei Weinen von Schwarz nicht schwarzsehen muss, sondern die Augen zu leuchten beginnen. Bei der letzten Verkostung im Sommer 2021 glänzten die Augen, es war noch eine deutliche Steigerung erkennbar: Prächtige Weiß- und Grauburgunder, ein ungemein delikater Muskateller mit vornehm zurückhaltender Aromatik, dazu gut gereifter Lemberger, bei dem man nicht wusste, ob der vom Altenberg oder der aus Untertürkheim mehr Potenzial hat. »Er ist unser Local Hero«, urteilt man über den Klassiker.

Man merkt, dass das Zusammenspiel der Macher immer besser wird. Als da sind: Senior Markus Schwarz (Jahrgang 1964), der im Sonnenhof in Gündelbach einst zum Winzer ausgebildet wurde, die Wirtschafterschule in Weinsberg besuchte, die er mit der Meisterprüfung 1988 abschloss und anschließend ins elterliche Weingut einstieg (Vater Helmut hatte den Gemischtbetrieb in den Siebzigerjahren auf Weinbau umgestellt). Daneben Ludwig Schwarz (1989), gelernter Weinbautechniker, Kellermeister und verantwortlich für den Außenbetrieb sowie seine Schwester Stefanie, die internationale Weinwirtschaft studierte, in Kanada praktizierte, sich mit Mutter Rita um die Vermarktung kümmert, dem Bruder im Keller und Weinberg beisteht und auch von ihrer Erfahrung als Württembergs Weinkönigin (2014–2015) profitiert. »Wir sind schon eine starke Gemeinschaft mit dem Motto: Einer für alle, alle für den Wein«, verkündet die Familie. Zupacken ist man gewöhnt, zumal noch knapp 1,5 Hektar für einen zweiten Betrieb bewirtschaftet werden. Die Erntemenge ist zurückhaltend (70 hl/ha im Schnitt der Jahre).

Barriques spielen bei den Top-Weinen im Ausbau eine wichtige Rolle

Bei den Reben setzt man auf typische Sorten für Württemberg. Die Weißweine werden klassisch im Edelstahl ausgebaut, nach gekühlter Gärung. Silvaner, Weißburgunder und Chardonnay reifen in Barriques, die Lagenweine landen dabei im neuen Holz. Maischegärung ist bei den roten Sorten Standard, bei den höheren Qualitäten auch die Kaltmazeration. Die Ortsweine liegen zehn Monate in Barriques, die Réserve- und Lagenweine bis zu 24 Monate, teils im neuen, teils im gebrauchten Holz. ■

Im Keller werden die Entscheidungen gemeinsam getroffen.

WEINGUT SCHWARZ

Ötztaler Straße 44
70327 Stuttgart
Tel. 07 11 / 33 47 27
Fax 07 11 / 33 24 13
info@weingut-schwarz.eu
www.weingut-schwarz.eu

Gegründet:
Weinbau in der Familie seit über 300 Jahren

Rebfläche: 11 Hektar

Wichtigste Sorten:
Riesling, Lemberger, Trollinger, Spätburgunder, Grauburgunder, Merlot

Das gehört dazu:
Besen, zwischen Oktober und März 16 Wochen im Jahr geöffnet

Die Stadt Stuttgart verkauft den eigenen Wein nun in der recht neuen Vinothek in der Stadtmitte.

Mit Zäsuren auf dem richtigen Weg

Es ist für eine Stadt heute so etwas wie Luxus, sich ein Weingut zu leisten. Eine Reihe von Kommunen gab in den letzten Jahrzehnten auf. Aber Stuttgart blieb beharrlich, wohl auch wegen der Tradition, die mit Weinbau auf den Gemarkungen der Stadt bis ins 12. Jahrhundert zurückreicht. Im 16. Jahrhundert hatte der Rebbau im Stadtgebiet mit etwa 1250 Hektar eine gewaltige Ausdehnung. In den Siebzigerjahren des letzten Jahrhunderts wurde im

Gemeinderat der Landeshauptstadt schon mal über eine Auflösung oder Verpachtung des 1949 mit einer Eröffnung der Kelter in der Rommelstraße offiziell gegründeten Weingutes diskutiert. Grund war fehlende Rentabilität. Aber dann wollte man doch die gut auf das Stadtgebiet verteilten Lagen als Wein-Aushängeschild behalten. Die Reben standen unter anderem in der Mönchhalde, am Hasenberg, der Karlshöhe, in der Cannstatter Halde, im Zuckerle und am Wolfersberg. Viele Weinfreunde hatten eine besondere Beziehung zu diesen Herkünften und waren nicht glücklich mit einem weingesetzlichen Eingriff in die gewohnten Strukturen. Ab 1971 mussten alle innerstädtischen Lagen unter der Einzellagenbezeichnung Stuttgarter Mönchhalde vermarktet werden.

Das Weingut überlebte Proteste, wurde aber immer wieder mit kritischen Zahlen aus dem Haushaltsplan konfrontiert. Bis zu 600.000 Euro Zuschuss im Jahr wurden teilweise fällig. Also musste eine Zäsur her, um den Betrieb

Betriebsleiter Timo Saier (links) mit Winzermeister Rainer Dürr, zuständig für den Außenbetrieb.

Die Reben, die teilweise mitten in der Stadt wachsen und grüne Oasen bilden, müssen stets beobachtet und gepflegt werden.

wirtschaftlich zu stabilisieren und auch die Weinqualität durch eine bessere Nutzung des Potenzials zu steigern. Dafür wurde 2016 ein neuer Betriebsleiter eingestellt, der zwar nicht in einem Weingebiet aufgewachsen war, aber doch eine reiche Weinbau-Vergangenheit vorweisen konnte. Das Interesse am Wein wurde bei dem gebürtigen Ulmer Timo Saier durch den Vater geweckt. »Er hatte immer Wein im Haus«, erinnert sich der Mann vom Jahrgang 1979. Irgendwann wurde Wein sein Berufsziel. Am Kaiserstuhl machte er ein Praktikum, studierte anschließend Weinbau an der Uni Geisenheim, wurde dann leitender Mitarbeiter in einem Pfälzer Weingut und hätte hier sogar die Chance gehabt, einzusteigen. »Aber der Betrieb war mir zu groß«, erinnert sich Saier. Also wurde er im kleinen Weingut eines guten Freundes aus München, der in der Steiermark aktiv geworden war, tätig – bis er mitbekam, dass in Stuttgart ein Betriebsleiter für ein Weingut in überschaubarer Größenordnung gesucht wurde.

Mit diversen Neuordnungen auf den Erfolgskurs gekommen

Er bekam die Aufgabe übertragen und sorgte für einige Zäsuren. Die Umstellung auf Bio-Anbau ist in die Wege geleitet, weiter entfernte Fluren wurden verpachtet, einige Sorten wie Trollinger, Dornfelder und Müller-Thurgau in der Fläche zurückgefahren. Im Verwaltungsbereich gab es Umstellungen. Und dass ab Freitagmittag im Weingut die Arbeit eingestellt wurde wie bei einer Behörde, gehörte unter Regie von Saier der Vergangenheit an. Die Suche nach einem Platz für eine Vinothek im Zentrum von Stuttgart war ebenfalls erfolgreich. Trotz Corona wurde die Vinothek, die auch als Veranstaltungsort genutzt werden kann, im November 2020 eröffnet.

Kann zufrieden Bilanz ziehen: Timo Saier brachte frischen Schwung in das Traditionsgut.

Mit einem fleißigen Team hat Rainer Dürr die diversen Lagen auf Stuttgarter Gemarkungen im Griff.

Entscheidend für die Weiterentwicklung des städtischen Weingutes war indes die deutliche Qualitätssteigerung. Riesling ist das weiße Aushängeschild, gefolgt vom Weißburgunder. Die neue Stärke bei den roten Sorten (neben Spätburgunder, Lemberger und St. Laurent noch Syrah und Merlot) wurde deutlich durch den Finaleinzug 2021 beim Deutschen Rotweinpreis des Magazins Vinum. Auch an Orange-Weine wagte man sich. Und der knochentrockene Trollinger-Lemberger bekam von einem Graffiti-Künstler ein so pfiffiges Etikett, dass er zum Verkaufsschlager wurde. ■

Präsentiert sich einladend, die Vinothek im Stadtzentrum. Motto: Probieren geht über Studieren...

WEINGUT DER STADT STUTTGART

Rommelstraße 22
70376 Stuttgart-Bad Cannstatt

Verkauf, Veranstaltungen:
Breite Straße 4
70173 Stuttgart
Tel. 07 11 / 21 65 75 07
Fax 07 11 / 21 65 75 09

weingut@stuttgart.de
www.weingutstuttgart.de

Gegründet: 1949

Inhaber: Stadt Stuttgart

Betriebsleiter: Timo Saier

Rebfläche: 16 Hektar

Wichtigste Sorten:
Riesling, Sauvignon Blanc, Weißburgunder, Lemberger, Spätburgunder, Merlot, Syrah, Trollinger

Das gehört dazu:
Neue Vinothek im Zentrum (Breite Straße 4)

Klein und urig – die Dürrbach-Hütte: Dieser Besen gehört zu einem der ungewöhnlichsten Weingüter Deutschlands.

Crowdfunding für die Erhaltung von Kulturlandschaft

Es waren einmal zwei weininteressierte Freunde, die sich darüber ärgerten, dass nahezu vor ihrer Haustüre und nur wenige Kilometer vom Stuttgarter Bahnhof entfernte steile Weinberge auf den Fluren des Stadtteils Rohracker in die Brache kamen. »Es kann nicht sein, dass eine Kulturlandschaft untergeht«, sagten sich Sebastian Schiller und Dennis Keifer (beide Jahrgang 1983). Da sie durchaus fachmännischen Bezug zum Weinbau hatten (Dennis war

Azubi bei Wöhrwag in Untertürkheim und Schnaitmann in Fellbach, Sebastian war Lehrling bei Beurer in Stetten und Bercher im badischen Burkheim und hatte in Geisenheim internationale Weinwirtschaft studiert), kam die Überlegung auf, selbst als Winzer aktiv zu werden. Aber es fehlte das dafür nötige Kleingeld.

Doch es gab damals schon die Möglichkeit, bare Münzen via Crowdfunding zu sammeln. Man musste dafür nur genügend Menschen finden, die sich bei diesem Startup mit kleinen Summen einbringen wollten und die möglichst noch bereit waren, selbst in den Reben zu arbeiten. Das Vorhaben klappte tatsächlich. Vor neun Jahren wurde mit einem – wenn man so will – eigenen Weingut mit vernachlässigter Rebfläche losgelegt. Für die Wiederbelebung fanden sich genügend Mitstreiter. Anfangs wurden die Trauben noch an die Mini-Weingärtnergenossenschaft in Rohracker (5 ha, 30 Mitglieder) geliefert, die für separaten Ausbau sorgte. Aber bald konnte ein eigener kleiner Weinkeller in Betrieb genommen werden, der noch individuellere Vinifikation ermöglichte. Denn es verstand sich von selbst, dass man nicht »normale« Weine auf dem Markt anbieten wollte.

Sebastian Schiller hat im Team dafür gesorgt, dass Rebflächen wiederbelebt wurden.

Pfiffige Etiketten und gute Inhalte der Flaschen steigern den Absatz.

Bestandserhaltung für den traditionellen Weinbau von Rohracker

Warum man aktiv wurde, erklärt Schiller so: »Der Weinbau in Rohracker ist ein einzigartiges Schaufenster in die Vergangenheit, da hier nie flurbereinigt wurde. Man kann fast schon von einem Freiland-Museum sprechen. Diese Kulturlandschaft gilt es durch das Einbinden unserer Kunden in den Schaffungsprozess im Weinberg zu erhalten. Wein entsteht hier bürgernah und ohne viel Maschineneinsatz. Die Resonanz aus der Mitte der Gesellschaft ist groß und hilft uns, dass wir weiter gegen die Gesetzmäßigkeiten des Marktes ankämpfen können.«

Einen der Mitkämpfer hebt er dabei besonders hervor: Weinberg-Urgestein Ewald Schiller senior, zuständig für alle möglichen Handarbeiten in den Reben und Pflanzenschutz.

Die volle Verantwortung muss Sebastian (mittlerweile hauptberuflich im Weingut Beurer im Vertrieb aktiv) inzwischen allein tragen. Partner Dennis, mit den Jahren zum dreifachen Vater gereift und beruflich stark eingespannt, hat sich zurückgezogen. Der Wahlspruch wurde nicht geändert: »Vorwärts immer – rückwärts nimmer!« So überbrückte man zum Beispiel das schwierige Jahr 2021 mit Online-Tastings, um die Fans bei der Stange zu halten. Hervorgehoben wird, dass in der letzten Sommer-Saison 2021 das gesamte Team der Stuttgarter Wielandshöhe um Vincent Klink immer wieder beim Rebschnitt und Rutenbinden unterstützte.

Die Rebblüte in voller Pracht. Ein paar Monate später sind das prächtige Trauben.

Auch eine Patenschaft für einen Rebstock können Weinfans übernehmen.

Das Weinprogramm wurde mit den Jahren erweitert. Wer sich durchverkostet, stellt fest, dass das Handwerk im Keller sorgfältig und mit viel Schonung ausgeübt wird. Spontangärung und langes Hefelager sind beim Weißwein ebenso Routine wie traditionelle Maischegärung mit anschließendem Ausbau im kleinen Eichenfass und unfiltrierter Füllung beim Rotwein. Spezialitäten sind die zwei Likörweine in Weiß und Rot, dem Portwein nachempfunden und deshalb »Portfolio« genannt. Die weiße Version entstammt einem Joint Venture mit Juniorin Steffi vom Weingut Artur Steinmann im fränkischen Sommerhausen. Sonstige Aushängeschilder sind ein erstklassiger Sauvignon Blanc, die weiße Cuvée Barely aus Muscaris, Cabernet Blanc und Sauvignac, alles Piwi-Sorten, sowie die Cuvée aus Lemberger und Cabernet. Die Zahl der Mitstreiter wächst weiter. Jeder, der für sich Wein interessiert und anpacken will, ist herzlich willkommen …

Die Arbeit geht ihm nicht aus. Aber zwischendrin darf der Motor der Vintage Winery auch mal abschalten.

VINTAGE WINERY STUTTGART GMBH

Tiefenbachstraße 7

70329 Stuttgart-Rohracker

Kein Telefon

drink@vintage-winery-stuttgart.de

www.vintage-winery-stuttgart.de

Gegründet: 2013

Inhaber: Sebastian Schiller

Rebfläche:
3,5 Hektar (nicht alles im Ertrag)

Wichtigste Sorten:
Trollinger, Spätburgunder, Lemberger, Silvaner, Sauvignon Blanc, Cabernet Blanc, Muscaris, Sauvignac

Das gehört dazu:
Dürrbach-Hütte (uriger Besen in den Reben), Weinverkauf »to go« im Sommer, Team-Events im Weinberg für Firmen/Privat

Der ehemalige Luftschutzstollen wurde zum Keller umfunktioniert. Dort reifen heute die Sekte der Weinmanufaktur.

Oscar für den Kellermeister

Der 2002 eingeführte Name der Genossenschaft (inzwischen schon mehrfach von anderen gleichartigen Betrieben abgekupfert, aber nicht immer entsprechend umgesetzt) macht deutlich, dass man hier individuelles Arbeiten im Weinberg und im Keller pflegt. Ihren Sitz hat die Kooperative in einem stilvollen alten Backsteinhaus, das Tradition verkörpert, aber ein sehr fortschrittliches »Innenleben« vorweisen kann. Sie tanzte schon vor 30 bis 40

Jahren etwas aus der Reihe, als der damalige Kellermeister Otto Schaal nicht nur Ertragsreduzierung im Weinberg predigte, sondern sich im Bordelais tummelte und mit Barriques Bekanntschaft schloss. 2001 übergab Schaal an den schon seit 1987 im Haus als Stellvertreter tätigen Jürgen Off (Jahrgang 1963). Drei Jahre vorher wurde Bernd Munk (Jahrgang 1955) Vorstandsvorsitzender. Er gab eine neue Zielsetzung aus: noch besser werden.

Mitglieder-Motivation und eine hauseigene Klassifizierung

Das war Wasser auf die Mühlen von Off, der schon in der Jugend Weinkontakt hatte, weil seine Eltern Trauben an die Genossenschaft ablieferten. Er machte eine normale Winzerausbildung und avancierte in Weinsberg zum Techniker für Weinbau und Kellerwirtschaft.

Ein erfahrenes Trio stellt die Weichen Richtung Erfolg: Bernd Munk, Saskia Wörthwein, Jürgen Off (v.l.).

In einem stilvollen Backsteinhaus ist die kleine, feine Genossenschaft zu Hause.

Im Team mit der Geschäftsführung konnte man die Mitglieder zu individueller und sorgfältiger Arbeit in den Reben motivieren. Motto: »Unverwechselbarkeit vor Menge«. Eine neue Weinklassifizierung mit drei Sternen wurde bei der Kundschaft schnell wegen der guten Orientierung geschätzt. Und bald stellten sich Erfolge ein, die selbst für eine ambitionierte Genossenschaft nicht selbstverständlich waren. So wurden der damalige Geschäftsführer Günter Hübner und Jürgen Off im Wein-Gault Millau zum »Gutsverwalter des Jahres 2005« gekürt, mit der Begründung: »In wenigen Jahren machten sie aus einer biederen Genossenschaft mit konsequentem Qualitätsmanagement eine der modernsten Kooperativen Deutschlands«.

Auch bei Prämierungen glänzte die Weinmanufaktur. In den Disziplinen des Weinbauverbandes sind Spitzenplätze normal, aber hier hat man es nur mit regionaler Konkurrenz zu tun. Wertvoller sind Top-Platzierungen bei deutschlandweiten Wettbewerben wie dem Deutschen Rotweinpreis des Magazins Vinum. Hier ist man Stammgast im Finale und stellte in den letzten Jahren mehrfach einen Siegerwein. 2021 sprang man gleich zweimal auf das Treppchen, mit einem Syrah aus dem Jahrgang 2018 sogar auf den ersten Rang und mit einem 2018er aus dem Untertürkheimer Mönchberg auf Platz zwei in der schwäbischen »Königsklasse« Lemberger.

Für das konstant ausgezeichnete Niveau über einen langen Zeitraum wurde Jürgen Off vom Weinmagazin Vinum vor einigen Jahren mit der Auszeichnung »Roter Riese« als erster Repräsentant einer Genossenschaft gelobt. Fazit der Geschäftsleitung: »Das war wie ein Bambi oder Oscar.«Nicht zu vergessen: Auch bei Weiß (ein Drittel Anteil) glänzen die Untertürkheimer mit Riesling, Weißburgunder (ein Geheimtipp) und sogar mit Viognier. Sie haben ein breites Sortiment an Sekt, der in einem ehemaligen Luftschutzstollen in der Strümpfelbacher Straße optimal heranreift. Sie trauen sich an Orange-Wein und unfiltrierte Gewächse heran, haben beachtlichen Weinbrand im Sortiment und inzwischen auch Wermut, bezeichnet als W'Muth, in Weiß und Rot. Man braucht keinen Mut, um ihn zu genießen…

Kellermeister Jürgen Off überprüft die Bestände an reifen Gewächsen.

Geschäftsführerin Saskia Wörthwein ist die gute Seele des Hauses und sorgt dafür, dass alles rund läuft.

Der Vorstandsvorsitzende Bernd Munk lässt es sich nicht nehmen, gelegentlich die Weinberge zu inspizieren.

WEINMANUFAKTUR UNTERTÜRKHEIM

Strümpfelbacher Straße 47
70327 Stuttgart-Untertürkheim
Tel. 07 11 / 3 36 38 10
Fax 07 11 / 33 63 81 24
info@weinmanufaktur.de
www.weinmanufaktur.de

Gegründet: 1887
Mitglieder: 35
Vorstandsvorsitzender: Bernd Munk
Geschäftsführerin: Saskia Wörthwein
Kellermeister: Jürgen Off
Rebfläche: 95 Hektar

Wichtigste Sorten: Riesling, Weißburgunder, Grauburgunder, Trollinger, Lemberger, Spätburgunder
Mitgliedschaft: FAIR'N GREEN
Das gehört dazu: Regelmäßige Veranstaltungen

Der Innenhof des Weingutes in Untertürkheim ist bei schönem Wetter ein idealer Standort für Weinverkostungen. Ein besonderes Highlight: die Vielzahl an Zitronenbäumen.

Vom Glück, eine Weinflasche zu öffnen

Er wird zwar 2022 sechzig Jahre jung, hat aber schon mehr als drei Jahrzehnte Erfahrung im Weinbau hinter sich. Hans-Peter Wöhrwag übernahm bereits 1990 das elterliche Weingut, für das sein Vater 30 Jahre vorher mit dem Austritt aus der örtlichen Genossenschaft die Saat gelegt hatte. Mit ins Boot sprang Gattin Christin, die er aus dem Rheingau »importiert« hatte. Das war ein Glücksfall für ihn. Denn die laut Homepage »heimliche Chefin« stammt aus dem Top-Rieslinggut Johannishof Eser in Johannisberg. Ihr wird ein positiver Einfluss auf die Riesling-Qualität des Untertürkheimer Betriebes zugeschrieben. In der Tat wurde das Haus Wöhrwag zunächst durch Riesling (immer noch Hauptsorte mit über 40 Prozent Flächenanteil) in einer für Württemberg früher ungewohnten geschliffenen, rassigen Stilistik bekannt.

Die Wein-Uni Geisenheim war auch hier ein »Heiratsinstitut«

Aber der damalige Jungwinzer konnte auch eine gute Ausbildung vorweisen. Seine Lehrbetriebe waren die Weingüter Bürklin-Wolf in der Pfalz und Salwey in Baden. Den letzten Schliff holte er sich beim Studium auf der Wein-Uni Geisenheim (das seinem Ruf als Heiratsinstitut gerecht

Der Ausbau in Holzfässern, neu und gebraucht, hat einen hohen Stellenwert im Weingut Wöhrwag.

Zwei Riesling-Fans unter sich: Winzer Hans-Peter und Ehefrau Christin.

wurde, weil er dort Christin kennenlernte). Schnell erwarb sich das Weingut Meriten im Großraum Stuttgart, wo viele Genießer dem Leitspruch des Hauses folgten und sich »einen tiefen Schluck aus der schwäbischen Seele« nahmen. Manchmal wird Hans-Peter Wöhrwag auch zum Philosophen, wenn er sagt, »der elementare Akt, eine Weinflasche zu öffnen, hat der Menschheit mehr Glück gebracht als sämtliche Regierungen in der Geschichte des Planeten.« Ganz Unrecht hat er damit wohl nicht...

Die Wege der sonstigen Familienmitglieder sind durchaus spannend. Wöhrwags Schwester Heide-Rose ehelichte 1989 Deutschlands späteren Sekt-Großmeister Volker Raumland und wanderte damit gewissermaßen nach Rheinhessen aus. Junior Philipp fand sein Glück in der Pfalz im Weingut Müller-Ruprecht bei einer jungen Dame namens Sabine (»Er winzert in der Pfalz«, wird ihm auf der Homepage etwas nachgetrauert). Der zweite Sohn Moritz wanderte branchenfremd in den Maschinenbau ab, hat aber immer noch »launige Ratschläge« in Sachen Wein parat. Tochter Johanna wurde unter anderem bei Bassermann-Jordan in Deidesheim und dem Bio-Weingut Pflüger in Bad Dürkheim ausgebildet. In Neuseeland war sie aktiv im renommierten Weingut Herzog (ausgewanderte Schweizer), lernte an der Rhône in der Region Côte-Rôtie den Umgang mit Syrah, ehe sie in Geisenheim die Studienbank drückte.

Um einer möglichen Oxidation der Weine vorzubeugen, wird unkonventionell Schwundausgleich betrieben.

Ein kleiner Nützling im Weinberg: Marienkäfer fressen Pflanzenläuse und Spinnmilben.

Was tut sich sonst im Betrieb? Syrah bereichert noch nicht das Sortiment, dafür aber eine Neuanlage von Chardonnay für Sektgrundwein. Es gibt bereits prickelnden Chardonnay aus einer bemerkenswerten Partnerschaft mit dem Weingut Aldinger, der vom Sekt-Spezialisten Raumland den letzten Schliff bekam. Beim sonstigen Sortiment ist der Riesling aus der Lage Herzogenberg (Alleinbesitz) eine Bank für hochwertige Qualität. Sauvignon Blanc und Weißburgunder sind weitere weiße Trumpfkarten. Bei Rot glänzt man unter anderem mit Pinot Noir, Lemberger, einer Cuvée X und der Cuvée »Philipp« in Erinnerung an den »Auswanderer«. Außerdem wurde mit der Bio-Umstellung begonnen. ■

Hans-Peter Wöhrwag kann stolz auf das Erreichte sein. Ein Ziel hat er noch: Die Alpen auf dem Fahrrad überqueren …

WEINGUT WÖHRWAG

Grunbacher Straße 5
70327 Stuttgart-Untertürkheim
Tel. 07 11 / 33 16 62
Fax 07 11 / 33 24 31
info@woehrwag.de
www.woehrwag.de

Gegründet: 1960

Inhaber: Hans-Peter Wöhrwag

Mann für alles im Keller und Weinberg: Carsten Kämpf

Rebfläche: 20 Hektar

Wichtigste Sorten:
Riesling, Lemberger, Merlot, Spätburgunder, Grauburgunder, Trollinger

Mitgliedschaft: VDP

Der Ertrag von sechs Hektar Reben wird in diesem ansehnlichen Betriebsgebäude zum »trinkigen« Wein.

Bewährte Tradition und neue Wege

»Unsere Weine sind ein Erlebnis«, lockt Andreas Zaiß, die inzwischen fünfte Generation in dem Weingut am Neckar und den sonnigen Hängen über dem Flussbett, mit der weitbekannten, arbeitsaufwändigen Lage Cannstatter Zuckerle. Diese verführt immer wieder mal Weinneulinge zu glauben, hier werden nur süße Weine erzeugt. Aber in der Zaißerei steht überwiegend »trocken« in der erfreulich überschaubaren Weinliste. Diese Geschmacksrichtung hat der Wengerter vom Jahrgang 1975 schon in seiner Ausbildung bei den renommierten Gütern Ellwanger und Aldinger vermittelt bekommen. Der Lehrzeit schloss sich eine Ausbildung zum Techniker für Weinbau und Kellerwirtschaft in Weinsberg an. So manche nützliche Anregung bekam Zaiß auch durch beruflich orientierte Reisen nach Australien, Südafrika, Kalifornien und Chile.

In seiner Arbeit als Winzer praktiziert er eine Balance zwischen bewährter Tradition und neuen Wegen. Das Mitglied in zahlreichen Vereinen inklusive Stuttgarter Weindorf und Stuttgarter Prominentenkicker verbindet Wein immer mit gutem Essen. Zielsetzung beim Wein: »Er soll unverwechselbaren Charakter haben«. Dafür wird im Weinberg naturschonend gearbeitet. Auf eine deutliche Ertragsbegrenzung wird verzichtet, dafür wird bei der Ernte sehr selektiv gearbeitet. Anschließend werden die Trauben schonend in den Keller transportiert. Gekühlte und langsame Vergärung, Maischegärung bei Rot, langes Feinhefelager, Ausbau im Holzfass und schließlich längere Reifezeit sind Standard.

Steht Réserve auf dem Etikett, ist es immer ein überzeugender Wein

Seine persönlichen Favoriten sind gut gereifte Weine mit dem Zusatz Réserve (Riesling, Lemberger und Trollinger). Beachtlich ist auch die rote, im Holzfass gereifte Cuvée »Munus« (Dornfelder, Lemberger und Cabernet sind die Partner), ebenso der zart nach Cassis duftende, saftige Spätburgunder Réserve. Bei den Weißweinen ist der Zuckerle-Weißburgunder (selbstverständlich trocken) neben dem Riesling ein Favorit vieler Kunden. Auch mit seinem Blanc de Noir-Sekt kann Zaiß einen achtbaren Prickler vorweisen. ■

Zur Überwindung extremer Steigungen in seinen Weinbergen ist Andreas Zaiß auf eine Monorackbahn angewiesen.

WEINGUT ZAISSEREI

Austraße 371
70376 Stuttgart-Münster
Tel. 07 11 / 8 88 33 78
Fax 0 32 22 / 6 88 90 28
info@zaisserei.de
www.zaisserei-weingut.de

Gegründet: 1867

Inhaber: Andreas Zaiß

Rebfläche: 6 Hektar

Wichtigste Sorten:
Riesling, Trollinger, Lemberger, Grauburgunder, Weißburgunder

Das gehört dazu:
Große Festkelter für Geburtstage, Firmenfeiern, Hochzeiten (bis zu 150 Personen), Weinausschank, Weinfest auf dem Weingut.

Mithilfe einer Kreuzscheibe bestimmt Christian Zaiß die Gassenbreite ganz exakt, die später für die maschinelle Bearbeitung des Bodens relevant ist.

Der wichtige Kontakt zur Kundschaft

Das nennt man Referenz! Schon zweimal wurde das Weingut Zaiß mit seinen Weinen zum Sommerfest des Bundespräsidenten nach Berlin eingeladen. Vielleicht wurde damit – neben der Weinqualität – auch Tradition honoriert. Denn die Familie baut seit über 400 Jahren Wein an. Aber wohl noch nie in der langen Geschichte des Hauses hatte ein Chef eine so intensive internationale Ausbildung. Von 2001 bis 2006 studierte Christian Zaiß auf der Weinuni in Geisenheim und machte in diesem Zeitrahmen auch Praktika in Kanada und Südafrika. Und weil er offenbar ein sehr tüchtiger Student war, waren noch zehn Monate Stipendien-Aufenthalt an der renommierten Universität Davis in Kalifornien möglich, wo sich schon etliche namhafte Winzer das Rüstzeug für eine Wein-Karriere holten.

Christian Zaiß blieb, als ihm Vater Konrad 2007 die Verantwortung übergab, bodenständig. Er führt – unterstützt vom Vater und Mutter Gerlinde – den vielseitig orientierten Betrieb gemeinsam mit Gattin Sonja. Beide schätzen den persönlichen Kontakt mit der Kundschaft. Mit Kollegen bringt man gemeinsame Projekte auf den Weg, um Synergieeffekte zu nutzen. Auch gesellschaftliche Verpflichtungen werden gern übernommen. In den Reben wird ein naturnaher, ökologisch orientierter Anbau gepflegt. Im Keller wird moderne Technik sinnvoll genutzt, sprich die Weißweine werden im Stahltank bei gezügelter Vergärung mit dem Einsatz von Reinzuchthefe ausgebaut.

Es lohnt sich, nach besonderen Spezialitäten zu fragen

Die besten Qualitäten kommen ins Holzfass. Bei Rot ist Maischegärung angesagt. Danach lagern und reifen die Weine im Stahltank, Holzfass oder Barrique, je nach Zielsetzung. In einer besonderen Ecke im Keller liegen ein paar Spezialitäten wie Eisweine und Beerenauslesen sowie eine 1997 Riesling Auslese, die Zeugnis davon gibt, dass schon Konrad Zaiß beachtliche Weine erzeugte. Das Sortiment ist breit gestreut. Viel Bedeutung hat im Betrieb der beerige, saftige »TL« (Trollinger mit Lemberger). Wer exquisite Weine im Glas haben will, greift zum Riesling*** »Anna Barbara 1704« oder zum Chardonnay** und zum Weißburgunder*. Bei den Rotweinen ist der Spätburgunder*** aus dem Barrique das Paradestück. Stolz ist man auf den kernigen, tanninbetonten Cabernet Sauvignon**, auch deshalb, weil der Senior bereits ab 1990 die Rebe pflegte, obwohl sie damals nur im Versuchsanbau zugelassen war. ■

Mit Ehefrau Sonja hat Christian Zaiß eine gute Winzer-Partnerin. Auch die Kinder sind mit von der Partie.

WEINGUT ZAISS KG

Mörgelenstraße 24
70329 Stuttgart-Obertürkheim
Tel. 07 11 / 32 42 82
Fax 07 11 / 3 28 03 14
Weingut@zaiss.com
www.zaiss.com

Gegründet: 1969
Inhaber: Christian Zaiß
Rebfläche: 12 Hektar
Wichtigste Sorten:
Trollinger, Riesling, Lemberger, Spätburgunder, weiße Burgundersorten

Das gehört dazu:
Besenwirtschaft »Sonnen-Besen«, Sektkellerei, Schnapsbrennerei, Haus- und Hoffest im August

Das prächtige Schloss Monrepos, das zum herzoglichen Besitz gehört, wird immer wieder mal für Veranstaltungen genutzt.

»Beste Württemberger« zur Rindsroulade

Die Vorfahren des heutigen Württemberger Adelshauses kamen um 1080 in den Stuttgarter Raum und bauten hier eine stattliche Burg. Deren Name Wirtemberg hatte bis 1806 Bestand, ehe daraus Württemberg wurde, das Napoleon zum Königreich erhob. Das bestimmende Adelsgeschlecht prägte jahrhundertelang große Gebiete Süddeutschlands. Nach der Abschaffung des Adels 1918 waren die führenden Häupter der Familie immerhin noch Herzog von Württemberg, was gelegentlich für Verwirrung sorgt, wenn sich etwa Michael Herzog von Württemberg als »Württemberg« vorstellt, so wie sich andere Leute als »Huber« oder »Maier« zu erkennen geben.

Früher befand sich das Weingut im Stuttgarter Schloss

Der Genannte, der Agrarwissenschaft studiert hat, war etliche Jahre in der Familie zuständig für das Weingut, das offiziell 1677 in Untertürkheim gegründet worden war und auch mal schwierige Zeiten durchmachte. Lange Zeit war es im Stuttgarter Schloss untergebracht. Mit dem Umzug vor gut 40 Jahren nach Ludwigsburg ins Schlossareal Monrepos begann eine neue Ära. Herzog Michael konnte das Familienoberhaupt Carl Herzog von Württemberg (1936–2022) vor gut 20 Jahren davon überzeugen, dass sich jemand aus der Familie stark einbringen müsste, um das Potenzial des Weingutes zu wecken. Das gelang mit Investment in den Keller und einem tüchtigen Mitarbei-

Herzog Michael ist nicht nur Chef des Weingutes, sondern aller Unternehmen des Hauses Württemberg.

Etwas abseits gelegen geht es rein zum Weingut und zum Weinverkauf.

terstab. Inzwischen ist er vielseitiger gefordert. Im Januar 2020 wurde ihm von seinem Vater nach dem Todesfall eines Bruders die Verantwortung für das ganze Unternehmen der Familie übertragen. Dazu gehören die Zentrale des Hauses in Friedrichshafen, eine Projektentwicklungsgesellschaft, umfangreiche Land- und Forstwirtschaft sowie Grundstücke und Unternehmensbeteiligungen im In- und Ausland. »Aber Ludwigsburg bleibt mein persönlicher Standort«, erklärt der 57-Jährige.

Doch er holte sich für die Betriebsleitung einen Profi ins Haus. Joachim Fischer aus Vaihingen, früher Miteigentümer des stattlichen Weingutes Sonnenhof, ist seit 2020 neuer Gutsleiter und gleichzeitig erster Kellermeister. Ihm wird eine »Leidenschaft fürs Weinmachen« attestiert. Austoben kann er sich in einigen der besten Lagen des Landes, etwa Stettener Brotwasser (Alleinbesitz), Mundelsheimer

Käsberg, Untertürkheimer Mönchberg und Maulbronner Eilfingerberg. »Diese Flächen bieten ein riesiges Potenzial«, urteilt Fischer. Akzente setzte er bereits 2021 mit der Anpflanzung von Grauburgunder und der Ausweitung der Fläche von Sauvignon Blanc und Merlot, zwei Sorten, die im Absatz im Trend liegen.

Die Weißweine werden bevorzugt im Edelstahl- oder im 500-Liter-Holzfass ausgebaut. Riesling (auch als Großes Gewächs) und Sauvignon Blanc sind hier die Aushängeschilder. Blanc de Noir von Lemberger und Trollinger ist ein anregender Sommerwein. Nicht vergessen darf man den Sekt in verschiedenen Versionen. Der Riesling-Jahrgangssekt ist hier die Krönung.

Die Rotweine, für die man sich einen sehr guten Ruf erworben hat, werden in Barriques ausgebaut. Das Holz dafür stammt fast ausschließlich aus eigenen Wäldern, wird aber bei Fassmachern in Frankreich verarbeitet, da dieses alte Handwerk in Deutschland fast ausgestorben ist. Die Cuvées des Weingutes bekommen Zeit für die Reife. »Ducissa« (Herzogin) kommt erst nach gut drei Jahren in den Verkauf. Das tut der Assemblage von Lemberger, Cabernet Sauvignon und Merlot ebenso gut wie dem »Dux«, dem vielschichtigen Spitzenwein des Hauses aus Cabernet Sauvignon und Merlot. 2020 landete der 2017er auf dem ersten Platz beim Deutschen Rotweinpreis. Sehr achtbar sind außerdem Spätburgunder (auch ein Grundwein für erstklassigen Glühwein), Cabernet Sauvignon als Solist, Zweigelt und die Cuvée »Attempto« (sensationelles Preis-Wert-Verhältnis). Merlot und Zweigelt wurden 2021 bei der Landesprämierung als »Beste Württemberger« ausgezeichnet. Herzog Michael schätzt sie besonders zu seiner Leibspeise: Rindsroulade mit Kartoffelpüree und viel Sauce. ■

Joachim Fischer aus Vaihingen-Enz ist seit Dezember 2020 Gutsleiter.

Die Weine des adeligen Hauses sind von tadelloser Qualität.

Das Holz von vielen Weinfässern im Keller stammt aus dem herzoglichen Waldbesitz.

WEINGUT HERZOG VON WÜRTTEMBERG

Schloss Monrepos
71634 Ludwigsburg
Tel. 0 71 41 / 22 10 60
Fax 0 71 41 / 22 10 62 60

Vinothek Friedrichshafen – Im Schloss
Telefon 0 75 41 / 30 73 32
weingut@hofkammer.de
www.weingut-wuerttemberg.de

Gegründet: 1677

Inhaber: Herzog von Württembergische Hausvermögensstiftung

Repräsentant:
Michael Herzog von Württemberg

Gutsleiter: Joachim Fischer

Kaufmännische Leitung:
Claudia Krügele

Rebfläche: 40 Hektar

Wichtigste Sorten: Riesling, Weißburgunder, Sauvignon Blanc, Lemberger, Trollinger, Spätburgunder, Merlot, Zweigelt

Das gehört dazu:
Schlosshotel Monrepos

Mitgliedschaft: VDP

Am Remsursprung, auf den Fluren von Essingen, wird seit einigen Jahren unter fachlicher Begleitung auch Weinbau betrieben.

Wie Essingen ein Weinort wurde

Es war im Jahr 2013, als Wolfgang Hofer, damals schon 16 Jahre Bürgermeister von Essingen und mit entsprechender kommunalpolitischer Erfahrung gesegnet, einen Anruf aus dem Regierungspräsidium Stuttgart bekam. Dort hatte man mit kritischer Aufmerksamkeit registriert, dass die regionale Presse vermeldete, dass Essingens Oberhaupt verkündet habe, es werde in Essingen Weinbau geben. Hofer wurde informiert, dass man hier nicht einfach Reben pflanzen dürfe, sondern es dafür rechtliche Vorschriften und Begrenzungen zu beachten gibt. Maximal 99 Stöcke waren damals auf einer Flur erlaubt oder eine Fläche von 100 qm. Der Ertrag dürfe nicht kommerziell Verwendung finden. Denn Essingen war, ganz anders als die Beinahe-Namensvetter Esslingen bei Stuttgart und das pfälzische Essingen, nicht Teil eines offiziellen Weinbaugebiets.

Es war und ist stattdessen der Ort, auf dessen Fluren die Rems entspringt, die dem ganzen Remstal seinen Namen gibt. Aber der nächste offizielle Weinort war weit entfernt im Westen. Dass zwischen dem Wein und dem Remstal ein enger Zusammenhang besteht, war ein Gesprächsthema auf dem 17. Weintreff 2013 in der »Alten Kelter« in Fellbach zwischen Bürgermeistern und Gemeinderäten bei einer Verkostung. Man könne doch, so die Fellbacher Baubürgermeisterin Beatrice Soltys und ihr Kollege Hofer aus Essingen, eine Art »weinigen Schulterschluss« in Angriff nehmen und am östlichen Ende des Remstals einen Weinberg anlegen, auch als Attraktion für die sich in Planung befindende Landesgartenschau 2019

Man nahm mit dem renommierten Weingut Aldinger in Fellbach wegen fachlicher Unterstützung Kontakt auf. Es traf sich gut, dass Hansjörg, einer der beiden Junioren, gern in der Nähe von Essingen auf die Jagd ging und somit das Gebiet ein bisschen näher kannte. Aber es sollte trotzdem noch zwei Jahren dauern, bis ein passendes Gelände außerhalb von Essingen gefunden war, nur rund einen Kilometer vom Rems-Ursprung entfernt, inmitten grüner Natur, direkt neben einem Rad- und Wanderweg. Dann ging es um die Frage, welche Sorte man pflanzen sollte. Johanniter war zunächst Favorit, eine der zahlreichen in den letzten Jahren gezüchteten Piwi-Sorten, die viel Widerstandskraft gegen Pilz- und andere Krankheiten haben und auch in Regionen gut wurzeln, die keine idealen klimatischen Voraussetzungen haben. Aber nachdem Johanniter nicht greifbar war, durfte es Solaris sein, eine Züchtung des Weinbauinstituts in Freiburg, die frostresistent ist, früh reift und zufriedenstellende Mostgewichte liefert. In Deutschland ist Solaris inzwischen gut verbreitet und wird sogar auf Inseln in der Nord- und Ostsee (Sylt, Föhr, Rügen) mit guten Ergebnissen angebaut.

Bürgermeister Wolfgang Hofer ist stolz, dass seine 6400-Einwohner-Gemeinde auch Weinstadt wurde.

Ein Fellbacher Profi war bei der Pflanzung ein wichtiger Ratgeber

Am 22. Mai 2015 wurden 99 Stöcke unter fachlicher Anleitung in die vorbereiteten Löcher gesteckt. Die Stadt-Chronik vermeldet den genauen Zeitpunkt: »Um 8.58 Uhr konnte die erste Rebe gepflanzt werden«. Mitarbeiter des Bauhofs Essingen machten sich unter Regie des Fellbacher Profis damit verdient. Bauhofleiter Günter Harsch und Gemeinderat Philipp Wagenblast übernahmen die Verantwortung für das Gedeihen der Reben. Hansjörg Aldinger ließ sich immer wieder mal blicken, um zu sehen, wie das

Wachstum verlief. Da die Reben in einer sanften Hanglage (Flurbezeichnung Tonenwang) mit guter Sonneneinstrahlung stehen, verlief alles gut. Bedauert wurde vorher schon, dass die in alten Karten zu findende Flur »Weinberg« nicht für Weinbau taugte. Aber sie ist vielleicht ein Hinweis darauf, dass es auf Essinger Boden diesen bereits vor Jahrhunderten gab. Im 13. und 14. Jahrhundert standen schließlich sogar Reben auf den Hochflächen der Alb (über das Ergebnis ist nichts bekannt). Im Herbst 2018 fand die erste Ernte für das »Remstaltröpfle« statt. Knapp 100 Liter flossen bei den Aldingers von der Kelter, mit stattlichen 89 Grad Öchsle. Daraus entstand ein saftiger, süffiger, herzhafter Weißwein, der in kleine Flaschen abgefüllt wurde. Wer sich um Essingen verdient machte, bekam diese weinige Pretiose verehrt (auch der Autor gehörte zu den Begünstigten). Bürgermeister Hofer zitiert nach der ersten erfolgreichen Ernte gern ein Essinger Motto. »Wird's nicht, haben es alle gewusst. Wird's was, haben es auch alle gewusst.« Er spielte damit an auf die vorher sehr kritischen Stimmen zu dem Projekt. Selbst bei seinen Gemeinderäten hatte er einen schweren Stand. Die letzten Skeptiker schweigen inzwischen, obwohl

Aus einer kleinen Öffnung sprudelt die Rems direkt aus dem Berg. Die Quelle ist Naturdenkmal.

Ein Fluss in Zahlen. Nach knapp 80 km mündet die Rems bei Neckarrems in den Neckar.

es 2019 nur wenig Wein gab. Die Remstal Gartenschau, in die das Gelände bei den Reben eingebunden war, war in diesem Jahr auch etwas hinderlich. Was geerntet wurde, wanderte in den Jahrgang 2020, der wieder sehr gut geriet. Das Ergebnis mit einem gut strukturierten, mit feinem Säurespiel ausgestatteten Wein zeigte, was Solaris draufhaben kann, wenn ein erfahrener Önologe im Spiel ist.

Der Weingarten präsentiert sich als gepflegtes, natürliches Schmuckstück mit vielen Blumen zwischen den Rebzeilen. Am Rande und außerhalb der Absperrung wurden Tafeltrauben gepflanzt, damit sich Nascher bedienen können. Wolfgang Hofer ist mehr als zufrieden mit dem Neustart (oder der Wiederbelebung) des Essinger Weinbaus. »Es sind in diesem Zusammenhang auch Freundschaften entstanden. Wein verbindet eben. Und wir haben gelernt, dass es schon eines Profis bedarf, damit der Wein gut gerät.«

Was der Bürgermeister aber noch registriert hat, ist eine gewisse Öffnung der Vorschriften für Weinanbau außerhalb der offiziellen Flächen. Ein gutes Beispiel dafür, bei dem auch die Familie Aldinger mitwirkte, ist der Weinbau des Hotels Prinz Luitpold-Bad in Bad Hindelang im bayerischen

Hier wächst das rare Remstaltröpfle von der Sorte Solaris. Für den Ausbau ist der Fellbacher Winzer Hansjörg Aldinger verantwortlich. Er macht seine Sache sehr gut …

Allgäu. 2008 wurden hier auf 860 m Höhe, gut 300 m Höhenunterschied zu Essingen, 20 Rebstöcke Solaris und Muscat Bleu gepflanzt und der spätere Ertrag verspeist. Lieferant der Reben: die Aldingers, Stammgäste des Hauses. Als die Gemeinde in ihrem Online-Portal 2010 verkündete, dass Deutschlands höchster Weinberg auf ihren Fluren steht, gab es eine kritische Anhörung der Bayerischen Landesanstalt für Weinbau und Gartenbau in Veitshöchheim, die ungesetzliche Dimensionen witterte. Die Sache wurde geklärt. Hausherr Armin Gross hatte gewissermaßen Wein geleckt und bekam tatsächlich 2018 die Genehmigung, auf 500 qm Reben zu pflanzen. Die Solaris-Reben spendierte Weinguts-Senior Gert Aldinger. Sie wuchsen alle gut an. Mit dem Ergebnis seines »Bergweines« ist Gross zufrieden.

Als Essingens Stadtoberhaupt diese Geschichte hörte, blitzten seine Augen auf. Ob man es wirklich bei den 99 Reben Solaris auf den Gemarkungen der Stadt belassen sollte? »Wir hätten eigentlich noch deutlich mehr Fläche zur Verfügung, die sich für Weinbau eignen könnte«, ist seine Überlegung. In diese hinein spielt vermutlich auch das Wissen über eine eventuell in der Entstehung befindliche Konkurrenz in der rund 10 km entfernten 8000-Einwohner-Stadt Oberkochen. Hier wurden 2020 99 Stöcke Sauvignon Gris gepflanzt … ■

Die »zweite Heimat« von zwei Allgäuer Unternehmern, die eine solche Stimmung im Remstal zu schätzen wissen.

Was machen Allgäuer im Remstal?

Die Hütte ganz oben am Weinberg sieht aus, als hätte sie schon über hundert Jahre der Witterung getrotzt. Sie ist aus Holz. Das Innenleben ist urgemütlich. Recht mehr als vier Personen haben nicht Platz. Schaut man aus einem der Fenster hinunter, sieht man die Dächer von Hebsack, wo Gastronom Markus Polinsky (»Lamm«), einer der Schlüsselinhaber dieses Wengerterhäusles, sein Zuhause hat, aber nicht Hütten-Eigentümer ist. Denn die beiden Besitzer haben ihr Domizil in Oberstdorf im Allgäu und sind die Seniorchefs der Geiger Unternehmensgruppe, die an 50 Standorten 3000 Mitarbeiter beschäftigt und jährlich rund 600 Millionen Euro Umsatz tätigt.

Es ist eine gut funktionierende Firma, gegründet 1923. In der Vita des Hauses wird hervorgehoben, dass zu den Prinzipien Entschlossenheit, Wille und manchmal auch der Mut gehören, sich den Veränderungen der Zeit zu stellen, Chancen zu erkennen, in Strategien einzuarbeiten und anschließend Potenziale auszuschöpfen. Das klingt gut. Aber was hat Pius (1959) und Josef Geiger (1961) dazu gebracht, sich ein zweites, ungewöhnliches Mini-Domizil im Remstal zu schaffen?

Alles begann mit einem Gespräch im renommierten Restaurant »Lamm«

»Wir sind mit unserer Firma immer wieder im Stuttgarter Raum aktiv, waren auch in Hebsack, haben im ›Lamm‹ gut gespeist und unsere Kontakte vertieft. Irgendwann kamen wir dann mit Winzer Wolfgang Haidle ins Gespräch. Wir wurden bei unseren Visiten immer weinaffiner und hatten schließlich die Idee, uns etwas Reben zuzulegen und konnten tatsächlich von ihm einige Zeilen in einer sanften Hanglage oberhalb von Hebsack bekommen«, blickt Pius Geiger zurück. Doch nur Reben reichten ihm und seinem

Hier, in einer saftig-grünen Rebenlandschaft mit überschaubarer Fläche wächst vielversprechender Lemberger heran.

Allgäu besucht Remstal: Pius (links) und Josef Geiger aus Oberstdorf entspannen gern in ihrer Hütte und genießen Wein mit Reben-Pfleger Philipp Haidle jun. (2.v.l.) und Sylvia und Markus Polinski vom »Lamm Hebsack«.

Cousin nicht. Also wurde im Allgäu aus altem Holz ein Haus gefertigt, dann ins Remstal transportiert und aufgestellt, sogar inklusive Toilette. Hier können die Allgäuer gelegentlich abschalten und auch mal Gäste willkommen heißen und bewirten. Dazu wird dann ein gradliniger, herzhafter Lemberger vom eigenen Weinberg eingeschenkt, den Haidle für die beiden Geigers ausbaut.

Ein Grund für das Engagement im Remstal ist laut Pius Geiger, dass man eben schon in einem Alter sei, in dem man gelegentlich abschalten und nicht nur im Beruf aufgehen will. Den Wein genießt man selbst und lässt gern andere am Genuss teilhaben. Aber verkauft wird er nicht. Der Unternehmer gesteht, dass man selbst noch nicht so richtig im Weinberg tätig war. »Aber irgendwann werden wir mit anpacken und auch mal bei der Lese voll einsteigen.« ■

Reben so weit das Auge reicht, aber nicht im Remstal, sondern in Neuseeland, wo ein Remstäler Winzer sesshaft wurde, der aber immer wieder gern in die Heimat kommt.

Neuseeland-Remstalschwabe im Südpazifik

Nein, kein Irrtum! Dieses Weingut aus Neuseeland ist nicht versehentlich in das Buch reingerutscht. Denn Kai Schubert, mit seiner Lebensgefährtin Marion Deimling auf diesem traumhaft schönen Inselstaat im Südwestpazifik heimisch geworden, stammt aus Waiblingen und bezeichnet sich als »Neuseeland-Remstalschwabe«. Ihn vorzustellen, war dringendes Gebot. Denn seine Weine gibt es in der Region. Und wäre Schubert 2020/2021 nicht durch Corona am Reisen gehindert gewesen, hätte er wieder diverse Veranstaltungen im Remstal mitorganisiert.

Es kommt erschwerend hinzu, dass der Autor dieses Buches eine gewisse Mitschuld daran trägt, dass Kai überhaupt Winzer wurde. Als sich in der Jugend gleich nach dem Abitur der Wunsch in ihm hegte, Winzer zu werden, meldete er sich beim Redakteur, um vorsichtig zu fragen, wie man das anstellen könne. Er bekam ein paar Anregungen, unter anderem für eine Lehrstelle und machte sich schließlich ernsthaft auf den Weg: Zunächst absolvierte er ein Studium an der Weinuni Geisenheim mit dem Zusatzeffekt, dass er hier Studentin Marion kennenlernte und aus den beiden ein Paar wurde, mit der gemeinsamen Zielsetzung der Selbständigkeit. Sie konnten bei Top-Winzer Ernie Loosen an der Mosel mitarbeiten und sahen sich anschließend in Oregon und Kalifornien, in Australien, Frankreich und Deutschland um. Aber hängen blieben sie schließlich in Martinborough an der Südspitze der Nordinsel von Neuseeland. 1998 wurden ein kleiner Weinberg und 40 Hektar

Der gebürtige Remstäler und sein Team lassen es sich gut gehen. Er selbst ist leidenschaftlicher Koch.

Mit Marion Deimling vom Bodensee baute Kai Schubert ab 1998 ein heute international renommiertes Weingut auf.

Weideland gekauft. Im Jahr darauf wurde mit Neuanpflanzungen begonnen. Der erste Jahrgang, der 2001 auf den Markt kam, stammte noch aus zugekauften Trauben.

Mit seinen Pinots stellt Kai Schubert teure Burgunder in den Schatten

Längst ist man bei der Rebfläche auf einer wirtschaftlich angenehmen, aber überschaubaren Rebfläche angelangt, mit der Konzentration auf wenige Sorten. Zielsetzung war es von Anfang an, Top-Burgunder zu erzeugen. Das »Cool climate« von Neuseeland war dabei eine große Hilfe. Es sprach sich schnell herum, dass die Pinots von Schubert im Preis-Wert-Verhältnis deutlich günstiger sind als die renommierten Gewächse aus der Bourgogne. Doch nicht nur mit denen machte er sich bald einen Namen. Seine Weine wurden international gut bis sehr gut bewertet, was ihm zu einem Export in 43 Länder verhalf (das sind 90 Prozent aller Schubert-Weine, Jahresproduktion rund 70 000 Flaschen, 4000 Flaschen gehen davon in die alte Heimat).

Deutschland und insbesondere das Remstal liegen ihm nach wie vor sehr am Herzen. Etliche Jahre konnten die Weine über seine Eltern in Waiblingen bezogen werden. Aber das ist aus Altersgründen Vergangenheit. Zwischendrin paktierte er mit einem norddeutschen Händler, aber dessen Verkaufspraxis schmeckte ihm nicht (»alle paar Tage Anpreisungen von Weinen mit viel Nachlass wie beim Discounter«). Er suchte und fand einen Partner unweit des Remstals und fährt mit diesem seit drei Jahren gut.

In Backnang hat man auch die Möglichkeit, die Schubert-Weine kennenzulernen. Vom Pinot Noir gibt es eine stattliche Auswahl. Einen besonders guten Ruf hat der »Block B«, der 18 Monate im neuen und gebrauchten Holz lag und als 2018er noch sehr jugendlich daherkommt. Der Favorit bei einer Probe war »Marion's Vineyard« 2017, ein ungemein eleganter, finessenreicher Burgunder, der eine Referenz an die Partnerin ist. Schubert lacht: »Sie beherrscht Multitasking und arbeitet für fünf Leute. Ohne sie wäre Schubert Wines nicht, was es nun ist.« Überzeugend sind auch der Syrah (viel Eukalyptus in der Nase, enorm dicht, würzig) und die Cuvée Con Brio (eine komplexe, feurige Kombination aus Syrah, Merlot und Pinot Noir, die vier Jahre in Barriques verweilte) sowie diverse mineralische, saftige, würzige Sauvignon Blancs, ohne die in Neuseeland oft anzutreffende aufdringliche Aromatik. Zuletzt freute sich Schubert schon auf die nächsten Reisen in die Heimat und »auf Sushi mit Sauvignon Blanc beim Bernd Bachofer in Waiblingen«.

Marion Deimling bei der Arbeit im Weinkeller.

Ein schlagkräftiges Team bei der Ernte.

Wenn es terminlich passt, kommt vielleicht noch ein anderer Remstäler Auswanderer und Winzer dazu: Philipp Ott, ein Waiblinger Jugendfreund von Schubert, hat in Spanien in der Region Rioja ein Weingut gegründet. ■

Von diesem bescheiden anmutenden Weingut werden erstklassige Pinot Noirs und Sauvignon Blancs in die weite Welt verschickt, auch ins Remstal.

SCHUBERT WINES

57 Cambridge Road

Martinborough / Neuseeland

Tel. +64 (0)6 / 30 68 505

Fax +64 (0)6 / 30 68 506

www.schubert.co.nz

Gegründet: 1998

Inhaber:
Kai Schubert, Marion Deimling

Rebfläche: 14,5 Hektar

Wichtigste Sorten:
Sauvignon Blanc, Pinot Noir, Syrah

Das gehört dazu:
Besucher aus der Heimat willkommen, ist auch selbst (wenn es die Pandemie zulässt) wieder öfter im Remstal / Deutscher Handelspartner: Vioneers, Ladengeschäft in Backnang. www.grapeagents.com

LAMM HEBSACK GBR
Winterbacher Straße 1-3
73630 Remshalden
Tel. 0 71 81 / 4 50 61
www.lamm-hebsack.de

FELLBACHER WEINGÄRTNER EG
Kappelbergstraße 48
70734 Fellbach
Tel. 07 11 / 5 78 80 30
www.fellbacher-weine.de

RESTAURANT BACHOFER
Marktplatz 6
71332 Waiblingen
Tel. 0 71 51 / 97 64 30
www.bachofer.info

COLLEGIUM WIRTEMBERG
Württembergstraße 230
70327 Stuttgart-Rotenberg
Tel. 07 11 / 32 77 75 80
www.collegium-wirtemberg.de

WEINSTUBE OCHSEN
Markgräflerstraße 6
70329 Stuttgart
Tel. 07 11 / 32 29 03
www.ochsen-uhlbach.de

WEINGUT IDLER
Lehenweg 21
71384 Weinstadt-Strümpfelbach
Tel. 0 71 51 / 9 94 76 99
www.weingut-idler.de

VIONEERS – Winespot Store & Tasting
Blumenstraße 22
71522 Backnang
Tel. 0 71 91 / 2 20 60 85
www.vioneers.com

WEINMANUFAKTUR UNTERTÜRKHEIM EG
Strümpfelbacher Straße 47
70327 Stuttgart
Tel. 07 11 / 3 36 38 10
www.weinmanufaktur.de

HOTEL AM REMSPARK
Remspark 1
73525 Schwäbisch Gmünd
Tel. 0 71 71 / 7 98 82 00
www.hotelamremspark.de

REMSTALKELLEREI EG
Kaiserstraße 13
71384 Weinstadt-Beutelsbach
Tel. 0 71 51 / 6 90 80
www.remstalkellerei.de

Remstal – Die kulinarische Hochburg

Wer noch nicht gewusst hat, dass das Remstal eine breit gefächerte, abwechslungsreiche kulinarische Hochburg ist, wird das spätestens bei der nachfolgenden Aufstellung erkennen. Wir haben sie Weingärtnern zu verdanken, die in diesem Buch vertreten sind und die mit ihren Tipps erkennen lassen, dass sie selbst keine Kostverächter sind. Vertreten sind hier sowohl Häuser mit klassischer schwäbischer Küche als auch Top-Restaurants, in denen genial aufgekocht wird. Und überall spielt der Wein alles andere als eine Nebenrolle.

Eine Reihe von Weinerzeugern musste mit Tipps passen. Die Qual der Wahl war ihr Argument: Es gibt einfach zu viele gute Gaststätten.

Wir bedanken uns bei folgenden Weinbaubetrieben: 70469R!, Collegium Wirtemberg, Schubert Wines, Vintage Winery Stuttgart, Weingut Johannes B., Weingut Beurer, Weingut Doreas, Weingut Bernhard Ellwanger, Weingut Jürgen Ellwanger, Weingut Escher, Weinbau Frick, Weingut Karl Haidle, Weingut W. Haidle, Weingut Häußer, Bio-Weingut Häußermann, Weingut Herzog von Württemberg, Weingut Idler, Weingut Wolfgang Klopfer, Weingut Knauß, Weingut Maier, Weingut Peter Mayer, Weingut Mayerle, Weingut Medinger, Weingut Rienth, Weingut Schwarz, Weingut Siegloch, Weingut Sterneisen, Weinmanufaktur Untertürkheim, Weingut Wissmann-Stilz, Weingut Wöhrwag, Weingut Zimmerle

Fellbach

Aldingers Restaurant
Susanne Aldinger setzt im urgemütlichen, heimeligen Restaurant auf bodenständige, saisonale, unverfälschte Küche.
www.aldingers-restaurant.de

Vinothek in der Alten Kelter
Wirtin Hanne Petzold ist ein herzliches Fellbacher Urgestein, immer auf Topqualität bei ihren schwäbischen Spezialitäten im Dachgeschoss der Kelter bedacht.
www.vinothek-fellbach.de

Oettingers Restaurant
Michael Oettinger lässt sich französisch inspirieren, tischt aber im gastlichen Teil des Hotels Hirsch auch Kalbsbries und Kalbsherz auf.
www.hirsch-fellbach.de

Kernen-Stetten

Hotel-Gasthof Hirsch
Immer für eine Überraschung gut ist die Familie Amor-Heim. Unter anderem bietet sie auch spanische Spezialitäten an.
www.hirsch-kernen.de

Malathounis
Anna und Joanis Malathounis zelebrieren griechische Gastfreundschaft mit schwäbischen Elementen in der Küche. Dafür gab es 2014 einen Michelin-Stern.
www.malathounis.de

Ochsen
Das Haus mit eigener Metzgerei war unter der Familie Schlegel eine Institution, die unter neuer Leitung am Leben erhalten wurde.
www.ochsen-kernen.de

Remshalden-Hebsack

Hotel-Restaurant Lamm
Regie führen Sylvia und Markus Polinski. Küchenchef Matthias Nägele kann es schwäbisch und international. Und ganz nebenbei wird ein eigener kleiner Weingarten bewirtschaftet, mit Hilfestellung von Wolfgang Haidle. Hohe Weinkompetenz.
www.lamm-hebsack.de

Ludwigsburg

Gutsschenke Schlosshotel Monrepos
Idyllische Lage und ambitionierte Küche mit Spezialitäten wie Zwiebelrostbraten und Wildmaultaschen.
www.schlosshotel-monrepos.de

Schorndorf

Boutiquehotel und Restaurant Pfauen
Hausherr Nico Burkhardt verspricht Geschmackserlebnisse mit Wow-Effekt. Das Gourmet-Restaurant hat einen Michelin-Stern.
www.pfauen-schorndorf.de

Restaurant & Eventalm Himmelreich
Die herzliche Gastgeberin Gabi Mezger und Spezialistin für Hochzeitsfeiern offeriert charmant Herrgottsbscheißerle, Himmelsflüge und Götterspeise. Mit komfortablem Hotel.
www.hotel-reich.de

Schwäbisch Gmünd

Landgasthof mit Hotel Krone in Straßdorf
Die Familien Mack und Kaißer setzen auf klassische, traditionelle schwäbische Küche inklusive Wild und Gans.
www.hotel-krone-strassdorf.de

Fuggerei
Patron Markus Krietsch verspricht heimische Gastfreundschaft und ausgesuchte Köstlichkeiten in gemütlichem Ambiente.
www.restaurant-fuggerei.de

Stuttgart

Ackerbürger
Treppensteigen ins Obergeschoss des Fachwerkhauses lohnt sich. Oben erfreuen Lammrücken, Spätzle und Fondue in Wohlfühlatmosphäre.
www.ackerbuerger.de

Alte Kelter
Frieder Wallenmaier aus Untertürkheim hat es mit seinen Maultaschen ins Guiness-Buch der Rekorde geschafft und ist diplomierter Fleischsommelier. Das sagt praktisch alles.
www.altekelter.com

Knausbira-Stüble
Gabriel Schallmeit und Lia Zimmermann aus Hedelfingen sind herzliche Gastgeber mit viel Liebe zum Detail auf dem Teller – eben schwäbisches Handwerk.
www.knausbira-stueble.de

Alte Kanzlei
Im Herzen Stuttgarts den Alltag vergessen – das kann man hier. Und eine Kochschule besuchen.
www.alte-kanzlei-stuttgart.de

Gasthaus Grünewald
Authentisches, schwäbisches Restaurant mit etlichen Klassikern, die auch beim Catering aufgetischt werden.
www.gruenewald-feuerbach.de

Krehl's Linde
Volker Krehl kocht auf, Birgit Krehl führt Regie – ein Traditionshaus mit Hotel zum Wohlfühlen.
www.krehl-gastronomie.de

Gasthaus Ochsen in Uhlbach
Uta und Elke Wagner setzen mit viel Herz auf unverfälschte schwäbische Küche.
www.ochsen-uhlbach.de

Weinstube am Stadtgraben
Sebastian Ludwig setzt in Bad Cannstatt auf heimische Zutaten, die möglichst aus biologischem Anbau stammen.
www.weinstube-stadtgraben

Weinhaus Stetter
Andreas Scherle (auch Hotelchef in der Nachbarschaft) sorgt für frische, bodenständige Küche; große Auswahl offener Weine.
www.weinhaus-stetter.de

Speisekammer-West
Dorit Münzer-Bock setzt voll auf die Karte Bio und »echte Frische«. Mit Einkaufsladen.
www.speisekammer-west.de

Hotel-Restaurant Steinhalde
Die Familie Cynthia, Uwe und Matthias Kasprzyk bietet »Essen als Kultur«. Für feine Menüs ist Junior Matthias (vorher bei Sackmann) zuständig.
www.restaurant-steinhalde.de

Wielandshöhe
Hausherr Vincent Klink ist schon zu Lebzeiten eine Legende. Das genügt.
www.wielandshoehe.de

Waiblingen

Restaurant-Hotel-Catering Bachofer
Tausendsassa Bernd Bachofer kocht im TV und im Restaurant groß auf. Er bietet auch Kochkurse und Weinproben an.
www.bachofer.info

Vorratskammer
Schwäbisch-österreichische Mischung mit Julia Krehl und dem gebürtigen Wiener Robert Kudin. Frisch und g'schmackig ist die Devise.
www.dievorratskammer.com

Waiblingen-Beinstein

Brunnenstuben
Petra Beyer tischt schwäbische Küche mit internationalen Einflüssen auf, gelobt in diversen Führern.
www.brunnenstuben.de

Weinstadt-Baach

Gasthaus Rössle

Roland und Daniela Welte wissen: Gutes Essen ist Balsam für die Seele.
www.roessle-baach.de

Landgasthof und Hotel Adler

Wirt und Küchenmeister Michael Kiesel setzt auf feine schwäbische Küche und backt auch selbst.
www.adler-baach.de

Weinstadt-Endersbach

Weinstube Muz

Für die Familie Muz ist Herzblut ein wichtiger Rezept-Bestandteil beim Kochen. Legendär ist der Rostbraten.
www.weinstube-muz.de

Weinstadt-Großheppach

Schäfergässle

Hausherr Rolf Wilk greift gelegentlich zur Gitarre, Küchenchef Axel Roser mag es auf dem Teller schwäbisch-rustikal.
www.weinkeller-weinstadt.de

Weinstadt-Schnait

Restaurant und Weingarten Krone

Täglich frische Zubereitung, alles aus der Region, ist die Devise von Chefin Antonija Zoller.
www.krone-schnait.de

Winterbach

Buschle

Fleisch-Liebhaber sind bei Thomas Busch bestens aufgehoben. »Der Hammer«, notiert ein Gast über das T-Bone-Steak.
www.buschle-winterbach.de

REMSTALKELLEREI
höher. fruchtiger. württemberger.
Das Remstal schmecken
Die Reben unserer knapp 850 Weingärtner wachsen auf besonderen, fruchtbaren Böden in den Remstaler Höhenlagen. Aus den Trauben das Beste herausholen, heißt für die Kellermeister: Mit sehr viel Liebe zum Detail sowohl den Vierteleklassiker als auch Spezialitäten oder echte Spitzenweine zu pflegen und zu entwickeln. Unsere im Remstal einmalige Vielfalt von rund 30 Rebsorten ist dafür eine ausgezeichnete Basis.
Unter www.remstalkellerei.de finden Sie in unserem Online-Shop das komplette Remstal zum Probieren.
PRIMO
#1
PINOT BLANC
MUSKATELLER
MU
PET
NAT
TRY
Remstalkellerei eG, Kaiserstraße 13, 71384 Weinstadt-Beutelsbach, Telefon 07151 6908-0
www.remstalkellerei.de

ES GRUNE
ES WACHSE
GOTT SEGNE D
UND LASS I

DIE REBE
DER WEIN
N WEINBAU
GEDEIHN

Ambitionierte Weinhändler

Es gibt reichlich guten bis sehr guten und sogar sensationellen Wein im Remstal. Verkauft wird er nicht nur von den Erzeugern selbst. Es gibt auch einige ambitionierte Weinhändlerinnen und Weinhändler, die nach Meinung von manchen Marktwirtschaftlern einen Fehler machen, weil sie Wein in oft enger Nachbarschaft von Weinerzeugern vermarkten. Das könne doch nicht funktionieren mit unmittelbarer Konkurrenz ein paar Häuser weiter. Denkste! Hier die Häuser, die das Gegenteil beweisen und zugleich eng mit den Wengertern zusammenarbeiten.

Weinhaus Binder: Ein Platzhirsch

Joachim Binder ist als Weinhändler so etwas wie der Remstäler Platzhirsch. Weil er in Schorndorf große Auswahl und sehr guten Service gekonnt mit anspruchsvollen Weinen verbindet, wurde er schon mehrfach von diversen Medien ausgezeichnet. Er selbst bezeichnet sich selbstbewusst als »führenden Getränkehändler im ganzen Remstal«. Das wird durch den optischen Eindruck beim Betreten des großen, geräumigen Ladens mit 750 qm Verkaufsfläche (bezogen vor 17 Jahren) unterstrichen: Flasche reiht sich an Flasche, säuberlich und übersichtlich präsentiert. Wein ist dabei nicht alles. Biersorten gibt es ebenfalls reichlich (einige hundert), dazu Whisky und natürlich jede Menge Gin sowie Mineralwässer und Säfte.

Gegründet wurde der Betrieb 1960 von Binders Vater. Wein kam erst 1985 ins Sortiment, fast ausschließlich Riesling und Trollinger von der Remstalkellerei. Aber längst sind hier etliche Remstäler Winzer gelistet, in einer eigenen, 25 Güter umfassenden Abteilung »Best of Remstal«. Die Platzhirsche Aldinger und Schnaitmann sind ebenso vertreten wie die Ellwangers Jürgen und Bernhard sowie die meisten Talente, die in den letzten Jahren nachgewachsen sind. Insgesamt offeriert das Weingut etwa 1400 deutsche und internationale Weine. An sieben Verkostungstischen kann man sich fachlich beraten lassen von den »Experten für Wein & Trinkgenuss« (so ein Slogan des Hauses). Der persönliche Kontakt zu den Kunden ist für Joachim Binder sehr wichtig und ein Teil seines Erfolgsrezeptes. Wenn Veranstaltungen wie die herbstliche »Wein- und Genussmesse« wieder uneingeschränkt möglich sind, will er auf diesem Feld neu durchstarten.

Weinhaus Binder
Gmünder Straße 64
73614 Schorndorf
Tel. 0 71 81 / 9 90 32 70
www.binder-weinhaus.de

REWE Aupperle: Beratung großgeschrieben

Die vier Buchstaben REWE stehen für einen international tätigen Handelskonzern, der genossenschaftlich organisiert ist. Gegründet wurde er 1927 unter der Bezeichnung **Re**visionsverband der **We**stkauf-Genossenschaften. Heute ist das ein mächtiger Handelskonzern mit rund 3300 Filialen, die nicht mit einem Discounter wie Aldi oder Lidl vergleichbar sind – auch weil hier fähige, selbstständige Chefs ein Eigenleben entwickeln können und nicht nach der Pfeife eines Konzerns tanzen müssen.

So konnte sich einer wie Fritz Aupperle in Sachen Wein ganz besonders entwickeln. Begonnen hat alles mit seinen Eltern, die am 6. Oktober 1945 ein Geschäft für den Vertrieb von Milch in Schorndorf eröffneten. Daraus wurde mit der Zeit ein richtiges Lebensmittelgeschäft, das der Sohn (Jahrgang 1955) gerade so volljährig im Januar 1974 übernahm. Heute ist der Nachwuchs in den Betrieb integriert und hat mit fünf erfolgreichen Lebensmittelmärkten in Fellbach, Wainlingen-Hegnach und Remshalden-Grunbach reichlich zu tun. Und überall spielt Wein so etwas wie eine Hauptrolle!

Im vor einigen Jahren erschienenen Buch »Brot und Wein« (Hampp-Verlag) wird der Senior treffend zitiert: »Es gibt drei Arten, Wein zu verkaufen. Man kann ihn ins Regal stellen und warten, ob ein Kunde zugreift. Man kann ihn zu Billigpreisen verschleudern. Und man kann den Kunden intensiv beraten. Das Letztere ist meine Art«.

Auffällig ist die starke Regionalität im Angebot. Rund 50 Erzeuger aus dem Remstal und Umgebung sind vertreten. Die Qualitätsexplosion der letzten Jahre hat dazu beigetragen, dass immer mehr Wengerter den Weg ins Aupperle-Regal fanden. Dass er ein tiefes, inniges Verhältnis zum Wein hat, wird nicht geleugnet. »Guter Wein ist Sinnlichkeit und Freude, ein ganz wichtiger Bestandteil meines Lebens. Es macht Spaß, immer neue Weine zu entdecken.« Und es macht ihm Freude, sie zu präsentieren. Die Veranstaltungen »Wine & Dine« mit namhaften Winzern aus dem Remstal und bekannten Weinländern genießt einen hervorragenden Ruf.

Bis zu tausend Weine werden angeboten. Es gibt sogar zwei Eigenmarken (Alte Kelter und Remstal-Hof). REWE Aupperle gilt in der Weinszene als ganz normaler Weinhändler mit dem üblichen sonstigen Sortiment eines Lebensmitteleinzelhandel. Einstige Prinzipien von Erzeugern (wir liefern nicht an einen Supermarkt) wurden längst ad acta gelegt. Das Engagement des Hauses in Sachen Wein wurde immer wieder mal gewürdigt, als »Beste Weinabteilung Deutschlands« in verschiedenen Medien.

Hauptgeschäft:
Stuttgarter Straße 32
70736 Fellbach
Tel. 07 11 / 58 98 44
www.rewe-fellbach.de

Daniel's Weine: Chef mit Doppelrolle

Er ist schon seit etlichen Jahren eine echte Wein-Institution im Remstal. Daniel Hasert ist seit 2009 selbstständiger Weinhändler und zugleich Sommelier und Restaurantleiter (im Haus seiner Schwester Sylvia Polinski im »Lamm« in Hebsack). Den Grundstein legte er durch eine vielseitige Ausbildung mit Stationen im renommierten »Staufeneck« in Salach (hier avancierte er zum Restaurantfachmann) sowie im Weingut Bernhard Huber in Baden (wo er regelrecht mit Wein infiziert wurde). Ihn prägten auch Auslandsaufenthalte im Piemont, in Australien, Kalifornien und Neuseeland. Zwischendrin war er ein Jahr lang Chefsommelier im berühmten »Adlon« in Berlin, wollte dann in der Landeshauptstadt eine Weinbar übernehmen, tendierte zu einem Weinhandel am Tegernsee (das scheiterte an zu hohen Mietpreisen). Dann erklang der Ruf aus der Heimat. »Lamm«-Chef Polinski suchte einen Restaurantleiter. Dessen Gattin Sylvia wusste, dass das zu ihrem Bruder passen würde. Aber der sah sich damit nicht ganz ausgelastet und eröffnete im nahen Winterbach noch einen Weinhandel, der sich schnell eines guten Rufs erfreute. Ein Platzwechsel vor einigen Jahren verbesserte die Möglichkeiten für eine Sortimentserweiterung und die Veranstaltung von Events. Mit Winzern kreiert er inzwischen eigenständige Weine nach seinen Vorstellungen.

Auszeichnungen blieben mit den Jahren nicht aus. Er wurde »Deutschlands Jungsommelier des Jahres 2003« und Zweitplatzierter beim Wettbewerb »Weinfachhändler des Jahres 2020« der Zeitschrift Wein+Markt. Die Organisation Tourismus Marketing Baden-Württemberg zeichnete Daniels Weinhandel als »Weinsüden Vinothek« aus, weil hier regionale Weine dominieren und umfangreiche Informationen über die Weine eines Gebietes offeriert werden. Letztere vermittelt Daniel Hasert am liebsten persönlich mit Worten und gut gefüllten Gläsern. Unterstützt wird er dabei von Gattin Stefanie und Schwester Claudia.

Daniel's Weine
Oberdorf 8
73605 Winterbach
Tel. 0 71 81 / 4 78 88 90
www.daniels-weine.de

Vinothek Die Traube: Angelika startete durch

Es war einmal eine Gaststätte an der Hauptstraße von Strümpfelbach, die bei der Bevölkerung beliebt war, aber dann keinen Betriebsnachfolger fand. Es traf sich, dass eine gebürtige Strümpfelbacherin vor gut zehn Jahren nach einem Aufenthalt in Übersee in ihren Heimatort zurückkehrte. Sie kannte »Die Traube«, hatte früher schon einige Familienfeiern hier miterlebt, war interessiert an einem Kauf des Anwesens und vernahm dann, dass es bereits andere Pläne für eine Senioren-Wohnanlage gab. Doch daraus wurde nichts. Und Angelika Rainer schlug mit Einverständnis ihres Gatten zu. Die alte Gaststätte wollte sie jedoch nicht weiterführen. Inspiriert durch verschiedene Reisen in Weinländer wie Österreich, Südtirol und die Schweiz war es ihr Ziel, eine Vinothek zu errichten. Und so entstand die neue, moderne »Traube«, die sich mutig ausschließlich auf regionale Weine konzentriert.

Alles, was Rang und Namen im Remstal hat, ist gelistet, das sind rund zwei Dutzend Winzer mit jeweils zwei bis sechs Weinen in der Preislage von 6 bis 60 Euro. Die vor einigen Jahren ausgezeichnete »Wein-Süden«-Vinothek erfreute sich schnell großer Beliebtheit, auch dank der kompetenten, charmanten Chefin, die gern zu regelmäßigen Veranstaltungen und Weinverkostungen bittet und ihr Haus für ebensolche zur Verfügung stellt zum Beispiel für Hochzeitsfeiern sowie Geburtstags- und Firmenfeste. Platz ist für bis zu 100 Personen.

Die Traube
Hauptstraße 91
71384 Weinstadt-Strümpfelbach
Tel. 0151 / 9 81 27 84
www.dietraube.com

Weinhandlung Kreis: Bernds Nebenjob als Winzer

Zunächst machte der im Spessart geborene Bernd Kreis nach einer Ausbildung zum Hotelfachmann Karriere als Sommelier zuerst im noblen »Bareiss« in Baiersbronn. Danach war er ab 1991 zehn Jahre lang bei Vincent Klink Chef-Sommelier. Es folgten Auszeichnungen als »Sommelier des Jahres und Europas«. Das machte ihm Mut für die Selbstständigkeit als Weinhändler, die er schon nebenberuflich bei Sternekoch Klink begonnen hatte, weil Gäste die von ihm ausgewählten Wein-Pretiosen nicht nur auf dem Tisch im Restaurant, sondern außerdem in ihrem Keller haben wollten. Seit 1996 ist er in Stuttgart aktiv, auch mit eigenständigen Auftritten, Seminaren und Kooperationen mit herausragenden Winzern, meist aus Württemberg. Zwischendrin fiel er noch als Buchautor auf, unter anderem mit seinen Führern zu Weinen unter zehn Euro.

Seine Vorbildung hat zwangsläufig dazu geführt, dass er sich nicht nur auf Wein-Partner aus dem Ländle beschränkt, sondern zudem ein breites internationales Sortiment anbietet. Ziel ist es immer, individuelle, außergewöhnliche Weine kleinerer, handwerklich arbeitender Betriebe anzubieten – das zu einem fairen Preis, möglich gemacht durch den direkten Einkauf und Vertrieb. Der persönliche Kontakt zu den Winzern ist ihm sehr wichtig. Im Vordergrund stehen Erzeuger, die auf Nachhaltigkeit und möglichst ökologischen Weinbau setzen und sich »abseits der ausgetretenen Pfade« bewegen. Neben Deutschland sind die Länder Spanien, Portugal, Österreich und Italien im Sortiment vertreten. Aus dem Remstal führt er beispielsweise Knauß, Schnaitmann, Heid, Ellwanger, Zimmerle, Aldinger, Beurer und Wöhrwag – aus Stuttgart kommt noch Bernd Kreis selbst dazu. Nicht weit entfernt von seiner Weinhandlung in Stuttgart-Süd bewirtschaftet er auf 0,25 Hektar einige Steillagen-Parzellen. Ausgebaut werden die Weine im Fellbacher Weingut Aldinger. Die Cuvées haben originelle Namen: rou-rou-rouge und bla-bla-blanc.

Eine Filiale in Stuttgart-Stadtmitte wurde letztes Jahr geschlossen. Dafür eröffnete Bernd Kreis mit »High Fidelity« eine neue Weinlocation in der Brennerstraße, in einem vormaligen Restaurant. Es handelt sich um eine pfiffige Weinbar mit rund 750 Positionen.

Weinhandlung Kreis
Böheimstraße 43
70199 Stuttgart-Heslach
Tel. 07 11 / 76 28 39
www.wein-kreis.de

WEIN-MOMENT: Das wirbelnde Damen-Duo

Zwei junge Damen wirbeln erst seit 2017 regelrecht durch die Weinszene in Stuttgart und Umgebung: Anna-Lisa Wenzler (Jahrgang 1994) und die »große Schwester« Mona Maisack (1992) knüpften daran an, was die Großeltern 30 Jahre zuvor in Ulm mit einem Weinhandel begonnen hatten und ihre Mutter mit dem Weinladen WEIN-GUT in Kirchentellinsfurt (Nähe Reutlingen) fortsetzte. Die Berufsziele waren ursprünglich andere. Mona hatte BWL studiert, die Schwester Innenarchitektur. Davon konnten die beiden zumindest indirekt zehren, als sie im Oktober 2017 in Stuttgart ihren ersten Laden eröffneten, durch Kenntnisse in der Betriebswirtschaft und der Ladeneinrichtung. Die Wein-Basis wurde durch Absolvierung eines Sommelier-Kurses gelegt. Der Name sollte Eigenständigkeit vom mütterlichen Betrieb verdeutlichen: WEIN-MOMENT. »Wir verkaufen nicht nur Wein, sondern auch schöne Momente«, erklärt das temperamentvolle Duo.

Das Sortiment ist breit gefächert. Neben Wein gibt es natürlich Sekt, Champagner und Spirituosen sowie Kulinarik. Offeriert wird das Angebot zudem in einem Online-Shop. Zahlreiche Veranstaltungen inklusive vielseitige Tastings werden angeboten. Diese können in einem der Läden stattfinden. Sogar eine mobile Weinbar haben sich die beiden angeschafft. Kirchtellinsfurt ist in das Unternehmen integriert. Weitere Läden gibt es mittlerweile in Pliezhausen und Ludwigsburg. Weingüter aus der Region, auch aus dem Remstal, spielen eine wichtige Rolle im Angebot, ebenso die Gewächse von Jungwinzer*innen, die mit pfiffigen Ausstattungen aufwarten. Offeriert wird alles ohne viel Wein-Brimborium, sprich die Weine sind mit wenigen, sofort verständlichen Worten beschrieben, inklusive passenden Trink-Anlässen.

Hauptbetrieb: WEIN-MOMENT
Hauptstätterstraße 112
70178 Stuttgart
Tel. 07 11 / 25 51 45 33
www.wein-moment.de

DIE
TRAUBE

60 Jahre

RUNDSCHAU
BESTE
GETRÄNKE
HÄNDLER
2017

RUNDSCHAU
BESTE
GETRÄNKE
HÄNDLER
2016

RUNDSCHAU
BESTE
GETRÄNKE
HÄNDLER
2007

BEST OF REMSTAL
Remseck
Waiblingen
Schorndorf
N
W
E
S
Über 300 Sorten Wein aus dem Remstal.
Das Herzstück unseres Getränkefachmarkts ist unsere Weinabteilung mit weit über 1400 deutschen und internationalen Weinen. Einzigartig die
„BEST OF REMSTAL" Weinabteilung
mit 25 Weinerzeugern und über 300 Sorten Wein aus dem Remstal.

Rudolf Knoll

Rudolf Knoll, Jahrgang 1947, ist gebürtiger Münchner und schreibt seit mehr als 40 Jahren über Wein. Zuvor war er bei Münchner Tageszeitungen als Redakteur und Sportreporter tätig. Hauptamtlich ist Rudolf Knoll seit 1984 Redakteur des europäischen Weinmagazins Vinum und hat hier besonders Deutschland, Österreich, Griechenland und Osteuropa im Fokus. Er ist immer auf der Suche nach Entdeckungen und will besonders die Leute hinter dem Wein erkennbar machen. Zwischenzeitlich hat er über 10 Jahre das Weinmagazin »Württemberger« betreut und hier viele Kontakte zum Remstal geknüpft. Das Ländle war auch schon stark vertreten in »Große Weine Baden-Württemberg«, eines von den rund 60 Büchern, die im Lauf der Jahre erschienen sind. Im Remstal spielt das Koch-Weinbuch »Wenn Zwillinge kochen«.

Neben Vinum arbeitet Knoll noch regelmäßig für einige Fachmagazine (Print und Internet). Der bekennende Genießer und Maultaschen-Fan lebt seit 1996 in Schwandorf in der Oberpfalz. Das ist eher eine Bierregion, aber laut Rudolf Knoll ein idealer Standort: »Jeweils nur drei Stunden Fahrtzeit in die Wachau, Württemberg, Rheingau und Sachsen.«

Der Autor hat schon eine Reihe von Wein-Publizistikpreisen gesammelt, darunter einen für einen TV-Beitrag über die »neuen« Anbaugebiete im deutschen Osten, die er als erster westdeutscher Weinjournalist bereits 1984 bereiste. In Österreich wurde er mit dem »Bacchus-Preis« der Weinwirtschaft und dem »Steinfeder-Preis« der Wachau ausgezeichnet. In Deutschland verlieh ihm der Verband der Prädikatsweingüter einen Journalistenpreis. Außerdem ist er als Erfinder des Deutschen Rotweinpreises (seit 1987) Träger der Staufer-Medaille des Landes Baden-Württemberg; die Auszeichnung bekam er für seine Verdienste als publizistischer Förderer des deutschen Rotweins.

Simone Mathias

Simone Mathias, geboren in Temeschburg, im rumänischen Banat, kam im Alter von 20 Jahren nach Deutschland und ist selbstständige Fotografin. Sie fotografiert und schreibt für verschiedene Zeitschriften in den Bereichen Landschaft, Kräuterkunde, Essen und Reportage, außerdem für Broschüren und Flyer in der Tourismusbranche. Ihr Auge für Details kam bereits in mehreren Kochbüchern zur Geltung, die im einhorn-Verlag erschienen sind. Nach »Einmalig Schwäbische Alb« von Sabine Ries und Sven Bernhagen ist »RemstalWein« das zweite Buch, das sie mit regionalen Aufnahmen bebildert hat.

Als sie nach Fellbach zog, wo sie 33 Jahre ihres Lebens zwischen den Weinreben verbrachte, verliebte sie sich von Anfang an in Land und Leute. Das Remstal hat sie mit seinen Landschaften, Weinen und Festen so gefesselt, dass sie sich niemals vorstellen könnte wegzuziehen. Heute lebt sie in Plüderhausen.

Die Fotografin ist neugierig, was sie auch in ihren Bildern zeigt, und wirft gern einen Blick hinter die Fassaden. Am liebsten fotografiert und porträtiert sie die Schönheit der kleinen Dinge, Menschen bei der Arbeit und magische Momente in der Natur. Sich selbst bezeichnet sie als Naturmensch und Puristin. Für Photoshop, Filter und Plastik auf Bildern hat sie nur wenig übrig, Natürlichkeit ist ihr sehr wichtig. »Fotografieren ist Malen mit Licht«, sagt Mathias. Sie liebt es, mit Licht und Farben zu spielen und in den Menschen Emotionen zu wecken.